高等院校计算机应用系列教材

C 语言程序设计
（第三版）（微课版）

梁海英　董延华　主　编

姚建盛　李淑梅　罗　琳　千　文　副主编

清华大学出版社
北京

内 容 简 介

本书按照程序设计的体系结构，系统介绍了 C 语言程序设计的基本思想及基本方法。全书内容分为 12 章。第 1～7 章介绍了 C 语言程序设计的基本应用，包括：C 语言程序的结构，数据类型及基本运算量，结构化程序设计的顺序结构、选择结构、循环结构，数组及函数的开发方法与应用实现；第 8～12 章详细介绍了 C 程序设计的高级应用，包括：编译预处理、结构体、共用体、指针、文件操作及位运算等应用。本书最后的附录提供了全国计算机等级考试二级 C 语言程序设计考试大纲及模拟题。

本书可作为高等院校计算机类相关专业的程序设计入门教材或高等院校非计算机专业本科生的计算机通识课教材，也可作为全国计算机等级考试的参考用书，还可作为 ACM 和"蓝桥杯"等 IT 类学科竞赛的参考用书。

本书配套的电子课件、习题答案和实例源文件可以到 http://www.tupwk.com.cn/downpage 网站下载，也可以扫描前言中的二维码获取。扫描前言中的"看视频"二维码可以直接观看教学视频。

图书在版编目(CIP)数据

C 语言程序设计：微课版 / 梁海英，董延华主编. —3 版. —北京：清华大学出版社，2023.3
高等院校计算机应用系列教材
ISBN 978-7-302-63084-5

Ⅰ. ①C… Ⅱ. ①梁… ②董… Ⅲ. ①C 语言—程序设计—高等学校—教材 Ⅳ. ①TP312.8

中国国家版本馆 CIP 数据核字(2023)第 043429 号

责任编辑：胡辰浩
封面设计：高娟妮
版式设计：妙思品位
责任校对：成凤进
责任印制：刘海龙

出版发行：清华大学出版社
      网　　址：http://www.tup.com.cn，http://www.wqbook.com
      地　　址：北京清华大学学研大厦 A 座　　　　邮　　编：100084
      社 总 机：010-83470000　　　　　　　　　　邮　　购：010-62786544
      投稿与读者服务：010-62776969，c-service@tup.tsinghua.edu.cn
      质 量 反 馈：010-62772015，zhiliang@tup.tsinghua.edu.cn

印 装 者：北京国马印刷厂
经　　销：全国新华书店
开　　本：185mm×260mm　　印　　张：19.25　　字　　数：493 千字
版　　次：2013 年 1 月第 1 版　　2023 年 5 月第 3 版　　印　　次：2023 年 5 月第 1 次印刷
定　　价：79.00 元

产品编号：098656-01

前　言

　　我们基于多年的丰富教学经验及素材积累，精心编写了此书，目的是让初学者能够循序渐进地掌握程序设计的思想，系统地掌握 C 语言程序设计的方法。本书从实用的角度出发，选取适当的相关案例，配备简洁的讲解文字，辅助直观的算法流程图，编写缩进格式的实现程序，插入真实有效的运行结果。本书针对初学者的特点和认知规律，精选内容，分散难点，降低台阶，丰富例题，深入浅出。

　　全书内容共分 12 章：第 1 章介绍 C 语言程序结构及其特点；第 2 章介绍数据类型、常量、变量、库函数和表达式；第 3 章介绍用传统流程图及 N-S 结构化流程图实现结构化程序设计的三种基本结构、赋值语句、数据输入/输出函数调用语句及顺序结构程序设计的方法；第 4 章介绍关系运算符和关系表达式、逻辑运算符和逻辑表达式、用 if 语句和 switch 语句实现选择结构程序设计的方法；第 5 章介绍用 while 语句、do-while 语句和 for 语句实现循环结构程序设计，以及用 break 和 continue 语句提前结束循环的方法；第 6 章介绍数组的定义和初始化、数组元素的使用、数值数组元素的常见操作、字符数组的使用方法；第 7 章介绍函数的定义、被调函数的声明、函数的调用、数组作为函数参数、变量的作用域和存储类别；第 8 章介绍宏定义、文件包含；第 9 章介绍结构体类型、共用体类型、枚举类型；第 10 章依次介绍指向变量的、指向数组的、指向函数的、指向指针的和指向结构体的指针变量及动态存储分配；第 11 章介绍文件的打开与关闭、文件的顺序读写和随机读写及文件检测函数；第 12 章介绍位运算符和位域。另外，本书最后的附录提供了全国计算机等级考试二级 C 语言程序设计考试大纲及模拟题。

　　本书为广西教育厅高等学校科研项目(ZD2014129)研究成果，由贺州学院梁海英和吉林师范大学董延华任主编，桂林理工大学姚建盛、吉林师范大学李淑梅、吉林师范大学罗琳和贺州学院千文任副主编，全书由梁海英统稿。在本书的编写过程中，得到了作者所在学院同事们的热心帮助和支持，参加本书编写工作的老师还有陈冠萍、袁淑丹、庄兴义、马文成、樊艳英、王雪红、肖鸿、罗志林、刘艳玲等。在此，向他们表示衷心的感谢！

　　在本书的编写过程中参考了相关文献，在此向这些文献的作者深表感谢。由于作者水平有限，书中难免有不足之处，恳请专家和广大读者批评指正。我们的电话是 010-62796045，信箱是 992116@qq.com。

本书配套的电子课件、习题答案和实例源文件可以到 http://www.tupwk.com.cn/downpage 网站下载，也可以扫描下方的二维码获取。扫描下方的"看视频"二维码可以直接观看教学视频。

配套资源   扫一扫

扫描下载   看视频

编　者

2022 年 10 月

目　录

第 1 章

引 言

人与计算机的交互是通过程序实现的，只有能够解决一定问题的程序才可以指挥计算机自动地进行工作，而程序又是通过程序设计语言开发的，其中 C 语言就是程序设计语言之一。本章主要介绍 C 语言的程序结构及特点，重点介绍在 Visual C++ 6.0 环境中实现 C 程序功能的步骤。

1.1 程序设计语言

程序是指人们使用编程语言开发、为解决一定问题且能够被计算机执行的指令代码。计算机程序设计语言是编程人员应遵守的、计算机可识别的程序代码规则，是人指挥计算机进行工作，与计算机进行交互的工具。

计算机程序设计语言一直在不断发展，纵观其历史，可以将其分为低级语言和高级语言两大类。

1.1.1 低级语言

低级语言又称为面向机器的语言，因 CPU 的不同而不同，可移植性差。使用低级语言可以编写出效率高的程序，但对程序设计人员的要求也很高。他们不仅要考虑解题思路，还要熟悉机器的内部结构，所以非专业人员很难掌握这类程序设计语言。

低级语言又分为机器语言和汇编语言。

1. 机器语言

机器语言是 CPU 可以直接识别的一组由 0 和 1 序列构成的指令代码。用机器语言编写程序，就是从所使用 CPU 的指令系统中挑选合适的指令，按照解决问题的算法组成一个指令序列。这种程序可以被机器直接理解并执行，速度很快，但因为它们不直观、难记、难写、不易查错、开发周期长、可移植性差，所以现在只有专业人员在编写对于执行速度有很高要求的程序时才采用机器语言。

2. 汇编语言

为了减轻编程者的劳动强度，人们使用一些帮助记忆的符号来代替机器语言中的 0、1 代码，使得编程效率和质量都有了很大的提高。由这些助记符组成指令系统的程序设计语言，称为符号语言，也称为汇编语言。汇编语言指令与机器语言指令基本上是一一对应的，可移植性差。因为这些助记符不能被机器直接识别，所以用汇编语言编写的程序必须被汇编成机器语言后才能被机器理解。汇编之前的程序称为源程序，汇编之后的程序称为目标程序。可以使用连接程序将目标程序连接成可执行程序。可执行程序能够脱离语言环境独立运行。

1.1.2 高级语言

高级语言提供大量与人类语言相类似的控制结构，使程序设计者可以不关心机器的内部结构及工作原理，把主要的精力集中在解决问题的思路和方法上。这类摆脱了硬件束缚的程序设计语言的出现是计算机技术发展的里程碑，使得编程不再是少数专业人员的专利。由于高级语言不依赖具体的机器，因此用高级语言编写的程序可移植性较好。

根据编程机制的不同，高级语言又分为面向过程的程序设计语言和面向对象的程序设计语言。

1. 面向过程的程序设计语言

面向过程的程序设计语言由一个入口和一个出口构成，程序的每次执行都必须从这个入口开始，按照程序的结构执行到出口为止，这属于过程驱动的编程机制，由过程控制程序运行的流向。编程人员要以过程为中心来考虑应用程序的结构，执行哪一部分代码和按何种顺序执行代码都由程序本身控制。它允许将程序分解为多个函数，这使得同一个程序可以由多人分工开发，大大提高了编程效率，使人们能够开发出规模越来越大、功能越来越强的应用软件和系统软件。常用的面向过程的语言有 C、FORTRAN、Pascal 等。

2. 面向对象的程序设计语言

面向对象的程序设计语言将整个现实世界或者其中的一部分看作由不同种类的对象构成的，同一类型的对象既有相同点又有不同点。各种类型的对象之间通过发送消息进行联系，消息能够激发对象做出相应的反应，从而构成一个运动的整体，这属于事件驱动的编程机制，由事件控制着程序运行的流向。编程人员要以对象为中心来设计模块，代码不是按预定的顺序执行，而是在响应不同的事件时执行不同的代码。当前使用较多的面向对象的程序设计语言有 C++、C#、Java 等。

高级语言也不能被机器直接识别，也需要翻译后才能运行。高级语言的运行方式有解释和编译两种。所谓解释，是指边解释边执行，不生成目标代码，执行速度不快，源程序保密性不强，如 Visual Basic 属于解释方式。所谓编译，是将源程序使用语言本身提供的编译程序编译为目标程序，再使用连接程序与库文件连接成可执行程序，可执行程序能够脱离语言环境独立运行。本书中所介绍的 C 语言属于编译方式。

1.2 程序结构及其特点

C 语言是国际上广泛流行的面向过程的结构化程序设计高级语言。它是一种用途广泛、功能强大、使用灵活的编程语言，既可用于编写应用软件，又可用于编写系统软件。

1.2.1 程序结构

计算机程序设计语言有不同的语法规则和程序结构。C 语言程序结构如图 1-1 所示。

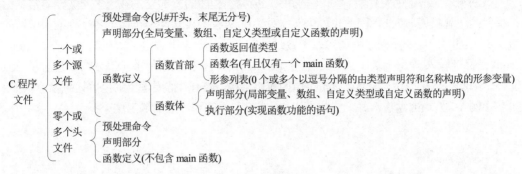

图 1-1　C 语言程序结构

1.2.2 程序结构的特点

通过分析图 1-1，可见 C 程序结构具有以下几个特点。

(1) 一个 C 程序文件可以由一个或多个源文件(及零个或多个头文件)组成。

(2) 一个源文件或一个头文件可以依次包括 3 部分：预处理指令、声明部分和函数定义。

(3) 一个源文件可由一个或多个函数组成，但一个 C 程序有且仅有一个 main 函数，C 程序总是从 main 函数开始执行。

(4) 一个头文件可由零个或多个函数组成，但不能有 main 函数。

(5) 一个函数的定义包括以下两部分：

- 函数首部：包括函数返回值类型、函数名、形参列表 3 部分。其中，形参列表由形参类型及形参名构成。
- 函数体：包括声明部分和执行部分。其中，声明部分包括在本函数中所用到的局部变量或函数等的声明；执行部分由若干条语句组成，用于实现函数的功能。

(6) 一个声明或一条语句都必须以分号结尾，但预处理命令和函数首部的末尾不加分号。

为了更好地说明 C 程序结构的特点，下面以两个程序为例，演示组成 C 程序的基本结构和书写格式。

【例 1-1】在屏幕上输出信息"这是一个简单的 C 程序！"。

程序如下：

```
#include<stdio.h>                    // include 为文件包含预处理命令(以#开头)
int main()                           //main 是主函数的函数名
{
    printf("这是一个简单的 C 程序！\n");  //直接调用系统定义的库函数 printf
    return 0;
}
```

程序运行结果如图 1-2 所示。

图 1-2　例 1-1 的运行结果

程序分析：main 是主函数的函数名，每个 C 程序都必须有且仅有一个 main 函数。在 main 函数之前的一行命令为预处理命令，这里的 include 称为文件包含预处理命令，其意义是把尖括号◇或引号""内指定的文件包含到该程序中，成为该程序的一部分。被包含的文件通常是由系统提供的，其扩展名为.h，因此也称为头文件。C 语言的头文件中包括了各个标准库函数的函数定义，因此，凡是在程序中调用库函数时，都必须包含该函数定义所在的头文件。scanf 和 printf 是标准输入/输出函数，其头文件为 stdio.h，由于在主函数前用 include 命令包含了 stdio.h 文件，因此可直接调用该文件。本例调用了输出函数 printf，把要输出的内容送到显示器显示。

【例 1-2】从键盘输入两个整数 x 和 y，求 x 与 y 的和，然后输出结果。

程序如下：

```
#include<stdio.h>                          //扩展名为.h 的文件称为头文件
int main()
{
    int x,y,s;                              //定义 3 个整型变量
    printf("input x:");                     //显示第一个提示信息
    scanf("%d",&x);                         //从键盘输入整数 x
    printf("input y:");                     //显示第二个提示信息
    scanf("%d",&y);                         //从键盘输入整数 y
    s=x+y;                                  //求 x 与 y 的和，并把它赋给变量 s
    printf("sum of %d and %d is %d\n",x,y,s);  //显示程序运行结果，即 s 的值
    return 0;
}
```

程序运行结果如图 1-3 所示。

程序分析：主函数体中又分为声明部分和执行部分两部分。声明部分是 C 程序结构中很重要的组成部分。C 语言规定，程序中所有用到的变量都必须先声明，后使用，否则会出错。例 1-1 中未使用任何变量，因此无声明部分。本例中使用了 3 个变

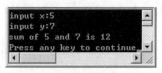

图 1-3　例 1-2 的运行结果

量 x、y 和 s，用来表示输入的自变量及求得的和。声明部分后的执行部分又称为执行语句部分，用于实现程序的功能。执行部分的第 1 行是输出语句，调用 printf 函数在显示器上给出提示字符串，提示操作人员输入自变量 x 的值。第 2 行是输入语句，调用 scanf 函数，接收键盘上输入的数并存入变量 x 中。第 3 行是输出语句，调用 printf 函数在显示器上给出提示字符串，提示操作人员输入自变量 y 的值。第 4 行是输入语句，调用 scanf 函数，接收键盘上输入的数并存入变量 y 中。第 5 行计算 x 与 y 的和，并把和赋给变量 s。第 6 行是用 printf 函数输出变量 s 的值。

运行本程序时，首先会在显示器上给出提示字符串 input x:，这是由执行部分的第 1 行完成的。用户在提示下从键盘上输入某个数，如 5，按 Enter 键，然后在显示器上给出提示字符串 input y:，这是由执行部分的第 3 行完成的。用户在提示下从键盘上输入某个数，如 7，按 Enter 键，接着在显示器上显示计算结果 12。

1.2.3　程序书写规则

从书写清晰，便于阅读、理解和维护的角度出发，在书写程序时应遵循以下规则。

(1) 一行可以写多个声明或语句，但为了清晰，一条声明或一条语句最好占一行。每条声明或语句都有明确的含义，能完成一定的任务。

(2) 用{}括起来的部分，通常表示程序的某一层次结构。{}一般与该结构语句的第一个字母对齐，并单独占一行。

(3) 为了使程序便于阅读、易于调试，人们约定了锯齿形缩进的程序书写方式。将复合语句、函数体、循环体等语句用空格或 Tab 键向后缩进，使得程序错落有致，具有层次感。也就是说，低一层次的语句或声明比高一层次的语句或声明缩进若干空格。

(4) 标识符和关键字之间至少加一个空格以示分隔。若已有明显的分隔符，也可不再加空格。

(5) C 语言声明或语句中使用的都是西文字符(称半角字符)，所以在输入源程序时，应该将中文输入法关闭，避免输入全角字母和符号。全角字母和符号只有在字符串常量中才可以使用，而且字母是区分大小写的。

(6) 程序中可以适当地加上注释，以增强程序的可读性。

在编程时应力求遵循这些规则，以养成良好的编程习惯。

本书为了方便介绍语句、函数等的使用方法与语法格式，在命令格式中通常采用一些特殊的符号表示，如逗号加省略号、省略号等。这些符号不是命令的组成部分，在输入具体命令时，这些符号均不可作为语句中的成分输入计算机，它们只是命令格式的书面表示。具体含义如下。

- ,… 表示同类的项可以重复多次。
- … 表示省略了在当时叙述中不涉及的语句部分。

1.2.4　程序保留字

在 C 语言中使用的词汇分为标识符、关键字、运算符、分隔符、注释符和常量 6 类，除标识符外，其他均为保留字，有特定的作用，不能挪作他用。

1. 关键字

关键字是由 C 语言规定的具有特定意义的字符串。C 语言的关键字分为以下几类。

(1) 类型声明符：用于定义(或声明)变量、数组、自定义函数或自定义数据类型，如 int、float、double 等。

(2) 语句定义符：用于表示一条语句的功能，如 if、for、while 等。

(3) 预处理命令字：用于表示一个预处理命令，如例 1-1 和例 1-2 中用到的 include。

2. 运算符

C 语言中含有丰富的运算符。运算符与常量、变量、函数一起组成表达式，表示各种运算功能。运算符由一个或多个字符组成，如算术运算符+、－、*、/等。

3. 分隔符

在 C 语言中采用的分隔符有逗号和空格两种。逗号主要用在类型声明和函数参数表中分隔各个变量；空格多用作语句各单词之间的分隔符。在关键字、标识符之间必须要有一个或一个以上的空格符作为分隔符，否则会出现语法错误。例如，若把"int a;"写成"inta;"，C 编译器会把 inta 当成一个标识符处理，其结果肯定出错。

4. 注释符

为了提高程序的可读性，通常在程序的适当位置加上必要的注释。C 语言的注释符有两种：一种是块注释，是以"/*"开头并以"*/"结尾的字符串；另一种是行注释，是以"//"开始到行尾的字符串。注释可出现在程序中的任何位置，注释主要用来解释语句或函数的功能，用来向用户提示或解释程序的意义，以便他人或开发者日后能够读懂程序。程序编译时，不对注释进行任何处理。在调试程序时可以对暂不使用的语句先用注释符括起来，使编译程序跳过处理，待调试结束后再去掉注释符。

5. 标识符

用来标识符号常量名、变量名、函数名、数组名、类型名、文件名等有效字符序列的符号，统称为标识符。除库函数的函数名由系统定义外，其余都由用户自己定义。

C 语言规定，标识符由字母(a~z，A~Z)、数字(0~9)、下画线(_)组成，并且第一个字符必须是字母或下画线，即标识符的命名规则是以字母或下画线开头，后面跟着字母、数字或下画线。

在使用标识符时还必须注意以下几点。

(1) 标识符的长度受各种版本的 C 语言编译系统限制，同时也受具体机器的限制。

(2) 标识符区分大小写，例如，b 和 B 是两个不同的标识符。

(3) 标识符虽然可由程序员随意定义，但最好遵循见名知义的原则，以便于阅读和理解。

1.3 Visual C++ 6.0 的安装及使用

按照 C 程序结构的要求，所编写的解决某一具体问题的程序，需要有相应的编程环境来实现程序的功能。目前，实现 C 语言程序功能的编译系统有许多种，如 Visual C++ 6.0、Turbo C++ 3.0、GCC 等。本书以 Visual C++ 6.0(简称为 VC++ 6.0)作为开发平台。

1.3.1 Visual C++ 6.0 的安装

Visual C++ 6.0 是 Visual Studio 套装软件之一，它可以和 Visual Studio 一起安装，也可以单独安装。运行安装文件中的 setup.exe 文件，按照安装向导给出的提示，可以完成 Visual C++ 6.0 的安装。本书介绍的操作假定所使用的是单独安装的 Visual C++ 6.0。

1.3.2 Visual C++ 6.0 的启动

开机进入 Windows 后，可以通过多种方法启动 Visual C++ 6.0。

方法 1：双击 Windows 桌面上的 Visual C++ 6.0 的快捷方式图标(如果桌面上有)，这是最简单的启动方法。

方法 2：使用"开始"菜单中的程序命令。

如图 1-4 所示，单击 Windows 环境下的"开始"按钮，出现"开始"菜单，把鼠标指向"程序"菜单项，将出现"程序"子菜单。在"程序"子菜单中，把鼠标指向 Visual C++ 6.0 菜单项，出现 Visual C++ 6.0 子菜单，选择 Visual C++ 6.0 命令，即可进入 Visual C++ 6.0 编程环境，如图 1-5 所示。

图 1-4　启动 Visual C++ 6.0

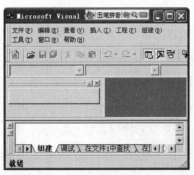
图 1-5　Visual C++ 6.0 编程环境

1.3.3　Visual C++ 6.0 上机过程

C 程序的运行过程如下：编辑源文件(.c)，然后编译生成目标程序文件(.obj)，再将其连接生成可执行文件(.exe)，运行此文件得到程序结果。

1. 新建或打开一个源文件(.c 作为扩展名)

(1) 创建不包含工程的单个源文件。

进入图 1-5 所示的 Visual C++ 6.0 编程环境后，首先选择"文件"菜单下的"新建"命令，出现"新建"对话框，如图 1-6 所示，直接单击"新建"对话框的"文件"标签，打开"文件"选项卡，在列表框中选择 C++ Source File 选项，输入适当的位置及文件名，直接创建以.c 为扩展名的源文件。在此文件的编辑窗口中输入和编辑源文件，之后进行保存，编译时系统会提示创建工程工作区，如图 1-7 所示。

图 1-6　"新建"对话框

图 1-7　编译时系统提示新建工程工作区的对话框

(2) 打开一个已有的源文件

如果已经保存过源文件，希望打开它进行编辑，则具体方法如下。

① 在相应存储位置找到这个源文件。

② 双击此文件，自动进入 Visual C++ 6.0 集成环境，并打开该文件，此时，程序显示在编辑窗口中；也可以通过"文件"菜单下的"打开"命令，从中选择所需要的文件。

③ 如果将修改后的内容仍保存在原来的文件中，可以选择"文件"｜"保存"命令。如果想保存到其他文件中，则选择"文件"｜"另存为"命令。

2. 编译源文件，生成目标程序文件(.obj 作为扩展名)

选择"组建"｜"编译"命令，对程序进行编译，出现系统提示，单击"是"按钮，在调试信息窗口中会显示错误和警告等提示信息。若有错误或者警告，双击出错信息，即可在源文件中定位错误。此时，需要返回第 1 步修改程序源代码，再编译，直到没有错误，才可进行下一步操作。

3. 连接目标程序，生成可执行文件(.exe 作为扩展名)

若编译没有错误，则可使用"组建"｜"组建"命令，在调试信息窗口中会显示错误和警告等提示信息。若有错误或者警告，需要返回第 1 步修改程序源代码，再调试，直到没有错误，才可进行下一步操作。

4. 执行可执行文件，得到程序运行结果

若组建没有错误，则可使用"组建"｜"执行"命令，直接进入结果窗口，显示最终结果。若结果不正确，则返回第 1 步修改程序源代码，再调试。

如果已完成程序的操作，不再对它进行其他处理，应选择"文件"｜"关闭工作"命令，结束对该程序的操作，为编辑下一个程序做准备。

5. 创建和运行包含多个文件的程序的方法

上面介绍的是最简单的情况，即程序只包含一个源文件的情况。如果程序包含多个源文件，则需要创建一个工程文件，在这个工程文件中包含多个文件(包括源文件和头文件)。工程文件存放在工程工作区中，可由系统自动创建工程工作区。在编译时，系统会分别对工程文件中的每个文件进行编译，然后再将所得到的目标文件连接成一个整体，再与系统的有关资源进行连接，生成一个可执行文件，最后执行这个文件，得到结果。创建和运行包含多个文件的程序有如下两种方法。

方法一：先建工程，再建文件。

(1) 选择"文件"｜"新建"命令，出现如图 1-8 所示的"新建"对话框，选择"工程"选项卡。在列表框中显示了可以在 Visual C++ 6.0 中创建的工程类型，选择 Win32 Console Application 工程类型，然后选择合适的存储位置，并输入工程名称，选中"创建新的工作空间"单选按钮，单击"确定"按钮，创建一个空工程。

(2) 选择"文件"｜"新建"命令，出现如图 1-9 所示的"新建"对话框，选择"文件"选项卡。在列表框中选择 C++ Source File 选项，输入适当的文件名，可在该工程中创建以.c 为扩展名的源文件；选择 C/C++ Header File 选项，输入适当的文件名，可在该工程中创建以.h 为扩

展名的头文件。之后，在.c 文件的编辑窗口中输入和编辑源文件，或在.h 文件的编辑窗口中输入和编辑头文件，并保存。

图 1-8　"工程"选项卡　　　　　　　　图 1-9　"文件"选项卡

(3) 编译和连接工程文件，生成可执行文件。

(4) 执行可执行文件。

方法二：先建文件，再建工程，将文件添加到工程中。

(1) 利用图 1-6 所示的对话框，分别编辑程序需要的各个文件(源文件以.c 为扩展名，头文件以.h 为扩展名)，并存放在指定的目录下。

(2) 利用图 1-8 所示的对话框创建一个工程。

(3) 将各个文件添加到工程中。方法是：选择"工程"｜"增加到工程"子菜单下的"文件"命令，选择需要的各个文件，单击"确定"按钮，返回主窗口，选择工作区窗口下部的 fileview 选项卡，就可以看到工程中包含的所有源文件和头文件。

(4) 编译和连接工程文件，生成可执行文件。

(5) 执行可执行文件。

1.3.4　Visual C++ 6.0 的退出

退出 Visual C++ 6.0 很简单，只需要打开菜单栏中的"文件"菜单，并执行"退出"命令，或单击标题栏内最右边的"关闭"按钮，退出 Visual C++ 6.0 编程环境。如果当前程序已经修改过并且没有进行保存操作，退出时系统会显示一个对话框，询问用户是否进行保存。如果选择"是"，则保存后退出系统；如果选择"否"，则不进行保存退出系统；如果选择"取消"，则取消退出操作，返回 Visual C++ 6.0 编程环境。

1.4 习　题

一、选择题

1. 如下关于 C 语言源程序的叙述中，错误的是(　　　)。

　　A. C 语言的源程序由函数构成　　　　B. main 函数可以书写在自定义函数之后

　　C. 必须包含输入语句　　　　　　　　D. 一行可以书写多条语句

2. 以下说法中正确的是(　　)。
    A. C语言程序总是从第一个定义的函数开始执行
    B. 在C语言程序中，要调用的函数必须在main函数中定义
    C. C语言程序总是从main函数开始执行
    D. C语言程序中的main函数必须放在程序的开始部分

3. 在一个C语言程序中，main函数的位置(　　)。
    A. 必须放在最开始　　　　　　　　B. 必须在系统调用的库函数后面
    C. 必须在最后　　　　　　　　　　D. 可以任意

4. C语言程序编译时，程序中的注释部分将(　　)。
    A. 参加编译，并会出现在目标程序中　　B. 参加编译，但不会出现在目标程序中
    C. 不参加编译，但会出现在目标程序中　D. 不参加编译，也不会出现在目标程序中

5. 一个完整的可运行的C源程序(　　)。
    A. 至少要由一个主函数和(或)一个以上的辅助函数构成
    B. 由一个且仅由一个主函数和零个以上(含零)的辅助函数构成
    C. 至少要由一个主函数和一个以上的辅助函数构成
    D. 至少由一个且只有一个主函数或多个辅助函数构成

6. 对于C语言源程序，以下叙述中错误的是(　　)。
    A. 可以有空语句
    B. 函数之间是平等的，在一个函数内不能定义其他函数
    C. 程序调试时如果没有提示错误，就能得到正确结果
    D. 注释可以出现在语句的前面

7. 以下叙述中正确的是(　　)。
    A. C程序的每行只能写一条语句
    B. 在对一个C程序进行编译的过程中，可以发现注释中的拼写错误
    C. C语言本身没有输入、输出语句
    D. 在C程序中，main函数必须位于程序的最前面

8. 以下叙述中不正确的是(　　)。
    A. C程序的执行总是从main函数开始
    B. 一个C源程序必须包含一个main函数
    C. C语言程序的基本组成单位是函数
    D. 在编译C源程序时，可发现注释中的拼写错误

9. 下面关于C语言用户标识符的描述中，正确的是(　　)。
    A. 不能区分大小写　　　　　　　　B. 用户标识符不能描述常量
    C. 类型名也是用户标识符　　　　　D. 用户标识符可以作为变量名

二、填空题

1. 一条C语句中至少包含一个_____。
2. C语言标识符由_____、_____和下画线构成。

第2章

数据类型及基本运算量

从一个程序的处理流程看,程序的执行过程是对一些原始数据经过一系列的加工处理和运算,最后得到运算结果。因此,在程序运行过程中,程序代码决定了对数据处理的流程,而程序加工处理的对象则是数据。数据是各种各样的,不同类型的数据在计算机内存中存储时所占的存储空间大小是不一样的。同时,计算机对不同数据类型处理的方法也不同。因此,C程序提供了多种数据类型,以便用户根据需要进行选择。用户应对在程序中所使用的各种数据进行定义和声明。只有相同类型的数据才能进行运算,否则就会出现错误。

本章将学习构成C程序的基本元素,包括数据类型、常量、变量、函数和表达式等内容。

2.1 数据类型

在C程序中,数据类型可分为4类:基本数据类型、构造数据类型、指针类型和空类型,如图2-1所示。本章先详细介绍基本数据类型,其余类型在以后各章中陆续介绍。

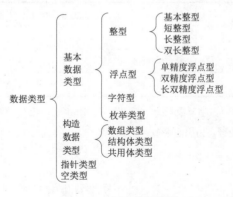

图 2-1　C语言数据类型

2.1.1 基本数据类型

基本数据类型最主要的特点是其值不可以再分解为其他类型。C语言的基本数据类型分为整型、浮点型、字符型和枚举类型。其中,整型又分为基本整型、短整型、长整型和双长整型;浮点型分为单精度浮点型、双精度浮点型和长双精度浮点型。

1. 整型

整型是不带小数点和指数符号的数，在机器内部以二进制补码形式表示。整型数据的分类及长度如表 2-1 所示。

表 2-1　整型数据的分类及长度

整型数据的分类	类 型 名	在 Visual C++ 6.0 中的长度/字节
有符号基本整型	[signed] int	4
无符号基本整型	unsigned int	4
有符号短整型	[signed] short[int]	2
无符号短整型	unsigned short[int]	2
有符号长整型	[signed] long[int]	4
无符号长整型	unsigned long[int]	4
有符号双长整型	[signed]_int64	8
无符号双长整型	unsigned _int64	8

注意：

(1) 在 Visual C++ 6.0 中默认为有符号整型，所以 signed 可以省略。

(2) 可以使用 sizeof 运算符测量各种编译系统中各类型的长度，即所含字节数，如 sizeof(int)。

2. 浮点型

浮点型也称实型或实数，是带有小数部分的数，在机器中以指数形式存储。它由指数及尾数组成。浮点型数据的分类及长度如表 2-2 所示。

表 2-2　浮点型数据的分类及长度

浮点型数据的分类	在 Visual C++ 6.0 中的长度/字节
float	4
double	8
long double	8

注：long double 在不同平台所占字节数不同，有 8 字节、10 字节、12 字节和 16 字节等。在 Visual C++ 6.0 中，long double 被作为 double 处理，占用 8 字节。

3. 字符型(char)

C 语言字符是组成语言的最基本元素。C 语言字符集由字母、数字、空白符、标点符号和特殊字符组成。

(1) 字母：小写字母 a~z 共 26 个、大写字母 A~Z 共 26 个。

(2) 数字：0~9 共 10 个。

(3) 空白符：空格符、制表符、换行符等统称为空白符。空白符只在字符常量和字符串常量中起作用。在其他地方出现时，只起分隔作用，用于增加程序的清晰性和可读性。

(4) 标点符号及特殊字符：详见 ASCII 字符集。

在机器中，字符型也是一种整型，以 1 字节(8 位)的 ASCII 存储。ASCII(American Standard Code for Information Interchange，美国信息交换标准代码)使用指定的 7 位或 8 位二进制数组合来表示 128 或 256 种可能的字符。标准 ASCII 也称为基础 ASCII，使用 7 位二进制数(剩下的 1 位二进制数为 0)来表示所有的大写字母、小写字母、数字 0～9、标点符号，以及在美式英语中使用的特殊控制字符。后 128 个字符称为扩展 ASCII。

其中 0～31 及 127(共 33 个)是控制字符或通信专用字符，见表 2-3 所示。

表 2-3 ASCII 控制字符或通信专用字符

二进制	十进制	八进制	十六进制	缩写	名称/意义
0000 0000	0	0	00	NUL	空字符(null)
0000 0001	1	1	01	SOH	标题开始(start of headline)
0000 0010	2	2	02	STX	文本开始(start of text)
0000 0011	3	3	03	ETX	文本结束(end of text)
0000 0100	4	4	04	EOT	传输结束(end of transmission)
0000 0101	5	5	05	ENQ	请求(enquiry)
0000 0110	6	6	06	ACK	确认回应(acknowledge)
0000 0111	7	7	07	BEL	响铃(bell)
0000 1000	8	10	08	BS	退格(backspace)
0000 1001	9	11	09	HT	水平制表符(horizontal tab)
0000 1010	10	12	0A	LF	换行键(NL line feed, new line)
0000 1011	11	13	0B	VT	垂直制表符(vertical tab)
0000 1100	12	14	0C	FF	换页键(NP form feed, new page)
0000 1101	13	15	0D	CR	回车键(carriage return)
0000 1110	14	16	0E	SO	取消切换(shift out)
0000 1111	15	17	0F	SI	启用切换(shift in)
0001 0000	16	20	10	DLE	跳出数据链路(data link escape)
0001 0001	17	21	11	DC1	设备控制一(device control 1)
0001 0010	18	22	12	DC2	设备控制二(device control 2)
0001 0011	19	23	13	DC3	设备控制三(device control 3)
0001 0100	20	24	14	DC4	设备控制四(device control 4)
0001 0101	21	25	15	NAK	拒绝接收(negative acknowledge)
0001 0110	22	26	16	SYN	同步空闲(synchronous idle)
0001 0111	23	27	17	ETB	结束传输块(end of trans. block)
0001 1000	24	30	18	CAN	取消(cancel)
0001 1001	25	31	19	EM	连接介质中断(end of medium)

(续表)

二进制	十进制	八进制	十六进制	缩写	名称/意义
0001 1010	26	32	1A	SUB	替换(substitute)
0001 1011	27	33	1B	ESC	跳出(escape)
0001 1100	28	34	1C	FS	文件分隔符(file separator)
0001 1101	29	35	1D	GS	组分隔符(group separator)
0001 1110	30	36	1E	RS	记录分隔符(record separator)
0001 1111	31	37	1F	US	单元分隔符(unit separator)
0111 1111	127	177	7F	DEL	删除(delete)

32～126(共95个)是字符，其中32是空格，48～57为0到9共10个阿拉伯数字，65～90为26个大写英文字母，97～122号为26个小写英文字母，其余为一些标点符号、运算符号等。详见表2-4所示。

表2-4 ASCII可显示字符

二进制	十进制	八进制	十六进制	显示字符	二进制	十进制	八进制	十六进制	显示字符	二进制	十进制	八进制	十六进制	显示字符
0010 0000	32	40	20	(空格)	0100 0000	64	100	40	@	0110 0000	96	140	60	`
0010 0001	33	41	21	!	0100 0001	65	101	41	A	0110 0001	97	141	61	a
0010 0010	34	42	22	"	0100 0010	66	102	42	B	0110 0010	98	142	62	b
0010 0011	35	43	23	#	0100 0011	67	103	43	C	0110 0011	99	143	63	c
0010 0100	36	44	24	$	0100 0100	68	104	44	D	0110 0100	100	144	64	d
0010 0101	37	45	25	%	0100 0101	69	105	45	E	0110 0101	101	145	65	e
0010 0110	38	46	26	&	0100 0110	70	106	46	F	0110 0110	102	146	66	f
0010 0111	39	47	27	'	0100 0111	71	107	47	G	0110 0111	103	147	67	g
0010 1000	40	50	28	(	0100 1000	72	110	48	H	0110 1000	104	150	68	h
0010 1001	41	51	29	)	0100 1001	73	111	49	I	0110 1001	105	151	69	i
0010 1010	42	52	2A	*	0100 1010	74	112	4A	J	0110 1010	106	152	6A	j
0010 1011	43	53	2B	+	0100 1011	75	113	4B	K	0110 1011	107	153	6B	k
0010 1100	44	54	2C	,	0100 1100	76	114	4C	L	0110 1100	108	154	6C	l
0010 1101	45	55	2D	-	0100 1101	77	115	4D	M	0110 1101	109	155	6D	m
0010 1110	46	56	2E	.	0100 1110	78	116	4E	N	0110 1110	110	156	6E	n
0010 1111	47	57	2F	/	0100 1111	79	117	4F	O	0110 1111	111	157	6F	o
0011 0000	48	60	30	0	0101 0000	80	120	50	P	0111 0000	112	160	70	p
0011 0001	49	61	31	1	0101 0001	81	121	51	Q	0111 0001	113	161	71	q
0011 0010	50	62	32	2	0101 0010	82	122	52	R	0111 0010	114	162	72	r

二进制	十进制	八进制	十六进制	显示字符	二进制	十进制	八进制	十六进制	显示字符	二进制	十进制	八进制	十六进制	显示字符
0011 0011	51	63	33	3	0101 0011	83	123	53	S	0111 0011	115	163	73	s
0011 0100	52	64	34	4	0101 0100	84	124	54	T	0111 0100	116	164	74	t
0011 0101	53	65	35	5	0101 0101	85	125	55	U	0111 0101	117	165	75	u
0011 0110	54	66	36	6	0101 0110	86	126	56	V	0111 0110	118	166	76	v
0011 0111	55	67	37	7	0101 0111	87	127	57	W	0111 0111	119	167	77	w
0011 1000	56	70	38	8	0101 1000	88	130	58	X	0111 1000	120	170	78	x
0011 1001	57	71	39	9	0101 1001	89	131	59	Y	0111 1001	121	171	79	y
0011 1010	58	72	3A	:	0101 1010	90	132	5A	Z	0111 1010	122	172	7A	z
0011 1011	59	73	3B	;	0101 1011	91	133	5B	[	0111 1011	123	173	7B	{
0011 1100	60	74	3C	<	0101 1100	92	134	5C	\	0111 1100	124	174	7C	|
0011 1101	61	75	3D	=	0101 1101	93	135	5D	]	0111 1101	125	175	7D	}
0011 1110	62	76	3E	>	0101 1110	94	136	5E	^	0111 1110	126	176	7E	~
0011 1111	63	77	3F	?	0101 1111	95	137	5F	_					

字符型数据的分类及长度如表 2-5 所示。

表 2-5　字符型数据的分类及长度

字符型数据的分类	类 型 名	在 Visual C++ 6.0 中的长度/字节
有符号字符型	[signed] char	1
无符号字符型	unsigned char	1

注：在 Visual C++ 6.0 中默认为有符号字符型，所以 signed 可以省略。

【例 2-1】输出各种数据类型的字节长度。

```
#include<stdio.h>
int main()
{
    int i;
    signed short int si;
    unsigned long int li;
    _int64 lli;
    float f;
    double d;
    long double ld;
    char c;
    printf("int:%d\nshort:%d\n",sizeof(i),sizeof(si));
```

```
printf("long:%d\n_int64:%d\n",sizeof(li),sizeof(lli));
printf("float:%d\ndouble:%d\n",sizeof(f),sizeof(d));
printf("long double:%d\nchar:%d\n", sizeof(ld), sizeof(c));
return 0;
}
```

程序运行结果如图 2-2 所示。

图 2-2　例 2-1 程序运行结果

4. 枚举类型(enum)

枚举类型将可能的值一一列举出来，变量的值只可以在列举出来的值的范围内，相关内容将在第 9 章详细介绍。

2.1.2　构造数据类型

构造数据类型是指根据已定义的一个或多个数据类型用构造的方法来定义的数据类型。也就是说，一个构造类型的值可以分解成若干成员或元素。每个成员可以是一个基本数据类型或者又是一个构造数据类型。在 C 语言中，构造数据类型有 3 种：数组类型([])、结构体类型(struct)和共用体类型(union)，其中数组类型在第 6 章详细介绍，结构体类型和共用体类型在第 9 章详细介绍。

2.1.3　指针类型

指针(*)是一种特殊的且具有重要作用的数据类型。其值用来表示所指向内容在内存中的地址(&)。虽然指针变量的取值类似于整型常量，但两者完全不同，相关内容将在第 10 章详细介绍。

2.1.4　空类型(void)

在调用函数时，通常应向调用者返回一个函数值。函数返回值具有一定的数据类型，应在函数定义及函数声明中给予说明。但是也有一类函数，调用后并不需要向调用者返回函数值，这种函数类型可以定义为空类型。

2.2　常　量

常量是指在整个应用程序运行期间值不会发生变化的量，常量可以是不同的基本数据类型，即整型常量、浮点型常量、字符型常量、字符串型常量等。在程序中，常量可以不经声明而直接引用。

2.2.1　直接常量

1. 数值型常量(也称常数)

(1) 整型常量

整型常量是不带小数点的数值，有 3 种形式：十进制、十六进制和八进制。

① 十进制整型常数：没有前缀，由一个或几个十进制数字(0~9)组成，可以带有正负号。例如，624、−36 等是合法的十进制整型常数；23d(含有非十进制数码 d)不是合法的十进制整型常数。

② 十六进制整型常数：前缀为"0x"或"0X"，由一个或几个十六进制数字(0~9 及 a~f)组成。例如，0x76、0xf8 等是合法的十六进制整型常数；0x3h(含有非十六进制数码 h)不是合法的十六进制整型常数。在程序中是根据前缀来区分各种进制数的。

③ 八进制整型常数：前缀为"0"，由一个或几个八进制数字(0~7)组成。八进制数通常是无符号数。例如，03、047 等是合法的八进制数；128(无前缀 0)不是合法的八进制数。

(2) 浮点型常量

凡以小数形式或指数形式出现的数，均为浮点型常量。C 编译系统把浮点型常量都按双精度处理，分配 8 字节。它有两种形式：十进制小数形式和十进制指数形式。

① 十进制小数形式：如果整数部分或小数部分为 0，则可以省略这一部分，但要保留小数点。例如，3.14159、24.、−.5。

② 十进制指数形式：用 mEn 来表示 $m \times 10^n$，其中 m 是一个整型常量或浮点型常量，表示尾数，n 必须是整型常量，表示指数，m 和 n 均不能省略。浮点型常量中的大写"E"也可写成小写"e"，例如，1e2 表示 1×10^2。

2. 字符型常量

由英文的单引号括起来的单个普通字符或转义字符，单引号为定界符，定界符中包含的那个字符是字符常量。

普通字符是指 ASCII 字符集包含的可输出字符；转义字符是以\开头的特殊字符序列，将\后面的字符转换成特定的含义，而不同于字符原有的意义。转义字符主要用来表示那些用一般字符不便于表示的控制字符。常用的转义字符及功能如表 2-6 所示。

表 2-6　常用的转义字符及功能

转义字符	转义字符的功能	ASCII 码值
\n	回车换行，将当前位置移到下一行的开头	10
\t	将当前位置水平跳到下一制表位置(tab)	9
\b	退格，将当前位置后退一个字符	8
\ooo	输出 1~3 位八进制数所代表的字符	3 位八进制数
\xhh	输出 1~2 位十六进制数所代表的字符	2 位十六进制数
\r	回车，将当前位置移到本行的开头	13
\\	输出反斜线符"\"	92
\'	输出单引号符	39
\"	输出双引号符	34

广义地讲，C 语言字符集中的任何一个字符均可用转义字符来表示，表中的\ooo 和\xhh 正是为此而提出的，其中的 ooo 和 hh 分别为 3 位八进制值和 2 位十六进制值的 ASCII 码值。例如，'\101'是指 3 位八进制数 101 对应的 ASCII，表示字母'A'；'\102'是指 3 位八进制数 102 对应的 ASCII，表示字母'B'；'\x0a'是指 2 位十六进制数 0A 对应的 ASCII，表示换行符，等等。

在 C 语言中，字符型常量具有以下特点。

(1) 字符型常量只能用单引号括起来，不能用双引号或其他括号。

(2) 字符型常量只能是单个字符，不能是字符串。

(3) 字符可以是字符集中的任意字符，数字被定义为字符型后就不能参与数值运算。

3. 字符串型常量(简称字符串)

字符串型常量必须使用英文的双引号""""将实际的字符括起来。双引号称为字符串型常量的定界符，表示字符串的开始与结束，如"hello"。

字符串型常量中可以包括任何可输入的字符，如字母、数字、英文标点符号、中文标点符号和汉字等。空格也是合法的字符。如果两个双引号之间没有任何字符，表示一个空字符串。例如：

```
"Visual C++ 6.0 程序"
""              //这是一个空字符串
```

注意：

(1) 双引号是字符串型常量的定界符，不是字符串的一部分。

(2) C 程序中只有字符串型常量中才可以出现中文标点符号和汉字。

4. 字符串型常量和字符型常量的区别

(1) 字符型常量由单引号括起来，字符串型常量由双引号括起来。

(2) 字符型常量只能是单个字符，字符串型常量则可以包含零个或多个字符。

(3) 可以把一个字符型常量赋给一个字符型变量，但不能把一个字符串型常量赋给一个字符型变量(在 C 语言中没有相应的字符串变量，而是用一个字符型数组来存放一个字符串型常量，这部分内容将在第 6 章介绍)。

(4) 字符型常量占 1 字节的内存空间。字符串型常量占的内存字节数等于字符串中的字符数加 1。增加的 1 字节中存放的是字符'\0'(即 ASCII 为 0 的字符)，这是字符串结束的标志。

2.2.2 符号常量

在应用程序的代码编辑中，常会遇到一些反复出现的数，这些数在程序执行过程中保持不变，为了便于记忆并改进代码的可读性，减少不必要的重复工作，可以用一些具有一定意义的名称来代替这些不变的数。例如，数学计算常用的 3.14159，在程序中反复输入这个数时，不仅非常麻烦，而且极易出错。所以通常先定义一个常量 PI，用它来代替 3.14159，在接下来的程序中就可以简单地采用 PI 这个常量了。

在 C 语言中，可以用一个标识符来表示一个常量，称之为符号常量。符号常量先定义，后使用。定义时必须指定符号常量的名和值，在运行过程中它的值不能被改变(即不能被赋值)。

1. 符号常量的定义

语法格式如下：

#define 符号常量名 常量

功能：用符号常量名代替直接常量。

#define 是一条预处理命令，称为宏定义命令(在第 8 章进一步介绍)，其功能是把该符号常量名定义为其后的常量值。一经定义，以后在程序中出现的所有该符号常量名均用该常量值来替换。

注意：

(1) 符号常量名遵守标识符命名规则，习惯上用大写字母。

(2) 此定义为宏预处理，行末没有分号。

(3) 符号常量不占内存，在预编译时，用值代替名称，然后这个符号就不存在了。

2. 符号常量的优点

在对程序进行编译前，预处理器会先用常量值来替换所有的符号常量名。使用符号常量有以下几点好处。

(1) 见名知义，容易阅读。

(2) 一次定义，多次使用。

(3) 一换全换，容易修改。

【例 2-2】符号常量的使用。

```c
#include<stdio.h>
#define PI 3.14159
int main()
{
        float r,primeter,area,volume;
        r=10;
        primeter=2*PI*r;
        area=PI*r*r;
        volume=4.0/3.0*PI*r*r*r;
        printf("primeter=%f\n",primeter);
        printf("area=%f\n",area);
        printf("volume=%f\n",volume);
        return 0;
}
```

符号常量定义后，可以用来求周长、面积和体积。程序运行结果如图 2-3 所示。

图 2-3　例 2-2 程序运行结果

2.3 变 量

在程序运行期间，值可以改变的量称为变量，可用来存储数据。每个变量都有一个名称和相应的数据类型，名称表示数据所在的内存位置，而数据类型则决定了该变量占用内存空间的大小及值的范围。变量名及类型由变量定义指定，所以变量定义必须放在变量使用之前，即先定义，后使用。变量名和变量值是两个不同的概念，要严格区分。变量定义的位置与变量的作用域相关。

2.3.1 变量的定义

在 C 语言中，要求变量要先定义，后使用。定义变量就是为变量分配内存空间。定义变量时需指定变量名、数据类型。变量名的命名规则遵守标识符的命名规则。下面介绍定义变量的方法。

1. 定义变量的方法

定义变量的一般形式如下：

类型声明符　　变量名,变量名,...;

其中，类型声明符可以是基本数据类型、构造数据类型或指针类型，例如：

int a;　　　　　　//a 为整型变量

2. 定义变量时的注意事项

(1) 允许在一个类型声明符后，定义多个相同类型的变量。各变量名之间用逗号分隔。类型声明符与变量名之间至少用一个空格分隔。例如：

int x,y;　　　　　//x，y 为整型变量
float p,q;　　　　//p，q 为单精度浮点型变量

(2) 最后一个变量名之后必须以英文分号";"结尾。
(3) 变量的定义必须放在变量的使用之前，局部变量的定义放在函数体中的声明部分。

3. 关于定义变量的小结

(1) 在实际应用中，应根据需要设置变量的类型。能用整型时就不要用浮点型；如果所要求的精度不高，能用单精度型时就不用双精度型。这样不仅可以节省内存空间，还可以提高处理速度。
(2) 在实际应用中，应根据需要合理选择变量的作用域。
(3) 在同一作用域内不能定义同名变量，而在不同作用域内可以定义同名变量。

2.3.2　变量的使用

1. 变量的初始化

在 C 语言中，变量被定义之后，在第一次赋值之前，其值是随机的。在程序中常常需要对变量赋初值，以便使用变量。C 程序中有多种方法为变量提供初值。本节先介绍在定义变量的同时给变量赋初值的方法。这种方法称为初始化。初始化是在编译阶段进行的，这样可以减少运行时间，提高效率。

在定义变量的同时赋初值的一般形式如下：

类型声明符　　　　变量 1=值 1,变量 2=值 2,…;

【例 2-3】变量的初始化。

```c
#include<stdio.h>
int main()
{
    int a=3,b=5,c;
    c=a+b;
    printf("%d+%d=%d\n",a,b,c);
    return 0;
}
```

程序运行结果如图 2-4 所示。

图 2-4　例 2-3 程序运行结果

2. 变量的赋值与变量值的使用

(1) 变量的赋值。

变量的赋值是指用赋值语句把计算得到的表达式的值赋给一个变量，即保存到变量所占的内存空间中。变量的值除非被赋予新值，否则其值不会自动变化，即只有被赋予新值后，旧值才被覆盖。

【例 2-4】整型数据的溢出。

```c
#include<stdio.h>
int main()
{
    int a,b;
    a= 2147483647;
    b=a+1;
    printf("%d,%d\n",a,b);
    return 0;
}
```

程序运行结果如图 2-5 所示。由于 Visual C++ 6.0 中 int 型数据占 4 字节，有符号整数的表示范围为−2147483648~2147483647，所以对 2147483647 加 1 得到的 2147483648 溢出了，显示为−2147483648，表示结果是错误的。

图 2-5　例 2-4 程序运行结果

(2) 使用变量的值。

将变量名写在表达式中，或给其他变量赋值，或用作函数的参数，都表示使用变量的值。如例 2-2 中的语句"c=a+b;"是将变量 a 和 b 的当前值求和后赋给变量 c。其中，c 的值变为新值，a 和 b 的值只是被引用，不会被改变。

3. 变量与符号常量的区别

(1) 变量占用内存空间，在程序运行过程中，值可能发生变化；符号常量不占用内存空间。

(2) 变量的定义及声明是用语句实现的，在执行阶段为变量分配相应的内存空间；符号常量的定义是通过宏定义命令#define 实现的，在编译阶段就用直接常量代替了全部符号常量。

2.4　库函数

库函数由 C 编译系统提供，用户不必定义，也不必在程序中声明，只需在文件开头添加相应的#include 指令，包含该函数定义的头文件，即可在程序中直接调用。在前面例题中用到的scanf、printf 函数分别为标准输入、输出库函数。

不同的 C 编译系统所提供的库函数的数目和函数名以及函数功能是不完全相同的。库函数的种类和数目很多，因此要想全部掌握则需要一个较长的学习过程。初学者应首先掌握一些最基本、最常用的函数，之后再逐步深入。由于课时关系，本书只介绍很少一部分库函数，其余部分读者可根据需要查阅相关手册。

2.4.1　数学函数

常用的数学函数如表 2-7 所示，调用时，要求在源文件中包含以下命令行：

```
#include <math.h>
```

表 2-7　常用的数学函数

函数原型说明	功　能	说　明
int abs(int x)	求整数 x 的绝对值	
double fabs(double x)	求双精度浮点数 x 的绝对值	
double sqrt(double x)	计算 x 的平方根	$x \geqslant 0$
double pow(double x,double y)	计算 x^y 的值	

(续表)

函数原型说明	功　能	说　明
double log10(double x)	求常用对数 lgx 的值	x>0
double exp(double x)	求 e^x 的值	
double log(double x)	求自然对数 lnx 的值	x>0
double sin(double x)	计算 sinx 的值	x 为弧度
double cos(double x)	计算 cosx 的值	x 为弧度

2.4.2　输入/输出函数

常用的输入/输出函数如表 2-8 所示，调用时，要求在源文件中包含以下命令行：

```
#include <stdio.h>
```

表 2-8　常用的输入/输出函数

函数原型说明	功　能	返　回　值
int scanf(const char *format,args,…)	从标准输入 stdin 按 format 指定的格式把输入数据存入 "args,…" 所指的内存中	返回成功赋值的个数，若出错，则返回 EOF
int printf(const char *format,args,…)	把 "args,…" 的值以 format 指定的格式输出到标准输出 stdout	返回写入内容的个数，若出错，则返回负数
int getchar(void)	从标准输入 stdin 获取一个无符号字符	以 char 强制转换为 int 的形式返回读取的字符，若出错，则返回 EOF
int putchar(int ch)	把 ch 指定的一个无符号字符(以 int 值传递参数)写入标准输出 stdout 中	以 char 强制转换为 int 的形式返回写入的字符，若出错，则返回 EOF
char *gets(char *str)	把从标准输入 stdin 读取的一行存储在 str 所指向的字符串中，用'\0'替换换行符	返回 str，若出错，则返回 NULL
int puts(char *str)	把 str 指向的字符串写入标准输出 stdout 中，将'\0'转成换行符	返回非负值，若出错，则返回 EOF

2.5　运算符及表达式

C 语言中的运算符和表达式数量之多，在其他高级语言中是少见的。正是丰富的运算符和表达式才使得 C 语言的功能十分完善。这也是 C 语言的主要特点之一。

C 语言的运算符不仅具有不同的优先级，而且还有一个特点，就是它的结合性。在表达式中，各运算量参与运算的先后顺序不仅要遵守运算符优先级别的规定，还要受运算符结合性的制约，以便确定是自左向右进行运算还是自右向左进行运算。这种结合性是其他高级语言的运算符所没有的，因此这也增加了 C 语言的复杂性。

2.5.1 运算符及表达式简介

运算是对数据的加工和处理。最基本的运算形式常常可以用一些简洁的符号来描述，这些符号称为运算符。被运算的对象，即数据，称为运算量。由运算符和运算量组成的表达式描述了对哪些数据、以何种顺序、进行什么样的运算。运算量可以是常量、变量或函数。表达式是语句的重要组成部分，可以用来为变量赋值，也可以作为参数来调用函数。

1. 运算符的种类

C 语言提供了丰富的运算符，可以构成多种表达式。以下内容简要介绍了各类运算符。

(1) 算术运算符。用于各类数值运算，包括加(+)、减(-)、乘(*)、除(/)、求余(或称模运算, %)、自增(++)、自减(--)共 7 种。

(2) 赋值运算符。用于赋值运算，分为简单赋值(=)、复合算术赋值(+=、-=、*=、/=、%=)和复合位赋值(&=、|=、^=、>>=、<<=)3 类共 11 种。

(3) 逗号运算符。逗号运算符(,)用于把若干表达式组合成一个表达式。

(4) 关系运算符。用于比较运算的运算符有 6 种，包括大于(>)、小于(<)、等于(==)、大于或等于(>=)、小于或等于(<=)和不等于(!=)。

(5) 逻辑运算符。用于逻辑运算的运算符有 3 种，包括与(&&)、或(||)、非(!)。

(6) 条件运算符。条件运算符(?:)是一个三目运算符，用于条件求值。

(7) 指针运算符。指针运算符有两种，即用于取内容(*)和取地址(&)的运算符。

(8) 求字节数运算符。求字节数运算符(sizeof())用于计算数据类型所占的字节数。

(9) 特殊运算符。特殊运算符有函数调用(())、强制类型转换(())、数组下标([])，结构体成员或共用体成员(→，.)等几种。

(10) 位操作运算符。参与运算的量按二进制位进行运算，有 6 种，包括位与(&)、位或(|)、位非(~)、位异或(^)、左移(<<)、右移(>>)。

2. 运算符的优先级与结合性

(1) 运算符的优先级。

当在一个表达式中出现多个运算符时，要按照运算符的优先次序进行运算，优先级高的运算符先运算，优先级低的运算符后运算。当一个运算量两侧的运算符优先级相同时，则按运算符的结合性所规定的结合方向处理。

(2) 运算符的结合性。

C 语言中各运算符的结合性分为两种,即左结合性(自左至右)和右结合性(自右至左)。C 语言运算符中有不少为右结合性,应注意区别,以避免理解错误。

一般而言,单目运算符优先级较高,赋值运算符优先级较低。算术运算符优先级较高,关系和逻辑运算符优先级较低。多数运算符具有左结合性,单目运算符、三目运算符、赋值运算符具有右结合性。C 语言运算符的优先级与结合性如表 2-9 所示。

表 2-9　C 语言运算符的优先级与结合性

优先级	运算符	名称或含义	使用形式	说　明	结合方向
1	[]	数组下标	数组名[表达式]		左到右
	()	圆括号	(表达式)/ 函数名(参数列表)		
	.	对象成员选择	对象.成员名		
	->	指针成员选择	指针->成员名		
2	-	负号	-表达式	单目	右到左
	(类型)	强制类型转换	(数据类型)表达式		
	++	自增	++变量名/变量名++	单目	
	--	自减	--变量名/变量名--	单目	
	*	指针取值	*指针变量名	单目	
	&	指针取地址	&变量名	单目	
	!	逻辑非	!表达式	单目	
	~	按位取反	~表达式	单目	
	sizeof	取类型字节数	sizeof(表达式)		
3	/	除	表达式/表达式	双目	左到右
	*	乘	表达式*表达式	双目	
	%	求余(取模)	整型表达式%整型表达式	双目	
4	+	加	表达式+表达式	双目	左到右
	-	减	表达式-表达式	双目	
5	<<	左移	变量<<表达式	双目	左到右
	>>	右移	变量>>表达式	双目	

(续表)

优先级	运算符	名称或含义	使用形式	说 明	结合方向
6	>	大于	表达式>表达式	双目	左到右
	>=	大于或等于	表达式>=表达式	双目	
	<	小于	表达式<表达式	双目	
	<=	小于或等于	表达式<=表达式	双目	
7	==	等于	表达式==表达式	双目	左到右
	!=	不等于	表达式!=表达式	双目	
8	&	按位与	表达式&表达式	双目	左到右
9	^	按位异或	表达式^表达式	双目	左到右
10	|	按位或	表达式|表达式	双目	左到右
11	&&	逻辑与	表达式&&表达式	双目	左到右
12	||	逻辑或	表达式||表达式	双目	左到右
13	?:	条件	表达式1?表达式2:表达式3	三目	右到左
14	=	赋值	变量=表达式	双目	右到左
	/=	除后赋值	变量/=表达式	双目	
	*=	乘后赋值	变量*=表达式	双目	
	%=	取模后赋值	变量%=表达式	双目	
	+=	加后赋值	变量+=表达式	双目	
	-=	减后赋值	变量-=表达式	双目	
	<<=	左移后赋值	变量<<=表达式	双目	
	>>=	右移后赋值	变量>>=表达式	双目	
	&=	按位与后赋值	变量&=表达式	双目	
	^=	按位异或后赋值	变量^=表达式	双目	
	|=	按位或后赋值	变量|=表达式	双目	
15	,	逗号	表达式,表达式,……		左到右

3. 表达式

表达式是由运算符连接常量、变量、函数所组成的有意义的式子,单个常量、变量或函数也可以被看作特殊的表达式。每个表达式都有一个值和类型,表达式的最终计算结果称为表达式的值,表达式值的数据类型即为表达式的类型。表达式的求值按运算符的优先级和结合性所规定的顺序进行。

本章先详细介绍算术运算符和算术表达式、赋值运算符和赋值表达式,以及逗号运算符和逗号表达式,其余运算符和表达式在后续的相应章中陆续介绍。

2.5.2 算术运算符和算术表达式

1. 算术运算符

(1) 算术运算符的定义

算术运算符是指在程序中实施算术运算(即数学运算)的符号，有加(+)、减(-)、乘(*)、除(/)和求余(%)，如表 2-10 所示。

(2) 算术运算符求值

所有算术运算符都是双目运算。各运算符的含义与数学中基本相同。一般情况下，加、减、乘、除和求余等运算可以对所有数值类型进行运算，运算结果的数据类型应该与运算量的类型相同。如果两种不同类型的数值进行运算，运算结果的数据类型与表示范围大、精度高的数据保持一致。

表 2-10 常用的算术运算符

运算符	名 称	示 例	说 明
+	加	a+b	具有左结合性
-	减	a-b	具有左结合性
*	乘	a*b	具有左结合性
/	除	a/b	参与的运算量均为整型时，结果也为整型，向零取整。如果运算量中有一个是浮点型，则结果为双精度浮点型。具有左结合性
%	求余	a%b	只用于整数，具有左结合性

(3) 注意事项

注意浮点型除法与整型除法的区别。如果参与运算的两个量均为整型，则相除后的结果也为整型(舍去小数)；若参与运算的量有浮点型，则相除后的结果也为浮点型。例如，10.0/4=2.5，10/4=2。

【例 2-5】整型除法或浮点型除法的运算。

```c
#include<stdio.h>
int main()
{
    printf("%d,%d\n",20/7,-20/7);
    printf("%f,%f\n",20.0/7,-20.0/7);
    return 0;
}
```

程序运行结果如图 2-6 所示。本例中，20/7、-20/7 的结果均为整型，小数部分全部舍去(向零靠近)。而 20.0/7 和-20.0/7 由于有浮点数参与运算，因此结果也为浮点型。

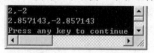

图 2-6 例 2-5 程序运行结果

还需要注意求余运算是求两个整型数相除的余数，参加求余运算的对象及结果均为整型。另外，求余运算结果的符号与第一个运算量的符号相同，如-7%3的结果为-1。

【例2-6】求余运算。

```
#include<stdio.h>
int main()
{
    printf("%d\n",10%3);
    return 0;
}
```

程序运行结果如图2-7所示。本例输出10除以3所得的余数1。

图2-7 例2-6程序运行结果

2. 算术表达式

算术表达式是用算术运算符和括号将数值型常量、变量或函数连接起来的、符合C语法规则的、有意义的式子。在书写表达式时应注意与数学上的表达式写法上的区别。

(1) 表达式中的所有符号必须逐个并排写在同一行上，不能写成上标或下标的形式。

(2) 不能省略乘号运算符，如数学上的表达式 b^2-4ac 中省略了乘号，但在写成对应的C语言表达式时，要写成 b*b-4*a*c。

(3) 表达式中所有的括号一律写成圆括号，并且括号左右必须配对。如数学上的表达式 [(x+y)/(a-b)+c]x，在C语言中要写成((x+y)/(a-b)+c)*x。

(4) 数学表达式中表示特定含义的符号要写成具体的数值。例如，数学上的表达式 2π，在C语言中要写成2*3.14。

3. 算术运算符的优先级及结合性

在所有的算术运算符中，优先级从高到低依次是乘(*)和除(/)、求余(%)、加(+)和减(-)。其中，乘和除是同级运算，加和减是同级运算。当遇到同一级运算符时，按结合性进行运算，算术运算符的结合性是左结合。如果表达式中含有括号，则先计算括号内表达式的值，有多层括号时，先计算最内层括号的值，再求外层括号内表达式的值，如1+((2+3)*2)*2=21。

4. 自增、自减运算符

自增1运算符记为"++"，其功能是使变量的值自增1。自减1运算符记为"--"，其功能是使变量的值自减1。

自增1和自减1运算符均为单目运算符，都具有右结合性。可有以下几种形式：

```
++i    //i自增1后再参与其他运算
--i    //i自减1后再参与其他运算
i++    //i参与运算后，i的值再自增1
i--    //i参与运算后，i的值再自减1
```

这几种形式在理解和使用上容易出错。特别是当它们处在较复杂的表达式或语句中时，常常难以弄清，因此应仔细分析。

【例 2-7】自增自减运算示例 1。

```
#include<stdio.h>
int main()
{
    int i=10;
    printf("%d\n",i++);
    printf("%d\n",i--);
    return 0;
}
```

程序运行结果如图 2-8 所示。i 的初始值为 10，函数体第 2 行 i 的值 10 先输出后，i 加 1 得 11；第 3 行先输出 11 后，i 减 1 得 10。

图 2-8　例 2-7 程序运行结果

【例 2-8】自增自减运算示例 2。

```
#include<stdio.h>
int main()
{
    int i=10;
    printf("%d\n",++i);
    printf("%d\n",--i);
    return 0;
}
```

程序运行结果如图 2-9 所示。i 的初始值为 10，函数体第 2 行先加 1 后，再输出 i 的值 11；第 3 行先减 1 后，再输出 i 的值 10。

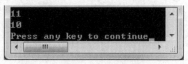

图 2-9　例 2-8 程序运行结果

5. 各类数值型数据之间的混合运算

若参与运算的运算量的类型不同，则先转换成同一类型，然后进行运算。转换按数据长度增加的方向进行，以保证精度不降低。类型转换的方法有自动转换和强制转换两种。

(1) 自动转换。

发生在不同数据类型的运算量混合运算时，由编译系统自动完成。自动转换的规则为由少字节类型向多字节类型转换，具体规则如下。

① 所有的浮点运算都是以双精度进行的，即使仅含 float 单精度量运算的表达式，也要先转换成 double 型，再进行运算。

② +、-、*、/运算的两个数中有一个数为 float 或 double 型时，结果是 double 型。系统将 float 型数据先转换为 double 型，然后再进行运算。

③ 如果 int 型与 float 或 double 型数据进行运算，先把 int 型和 float 型数据转换为 double 型，然后再进行运算，结果是 double 型。

④ int 型和 long 型数据进行运算时，先把 int 型转成 long 型后再进行运算。

⑤ 字符型数据与整型数据进行运算时，就是把字符的 ASCII 码值与整型数据进行运算。

(2) 强制转换。

强制转换是通过类型转换运算来实现的。其一般形式为：

(类型声明符)(表达式)

其功能是把表达式的运算结果强制转换成类型声明符所表示的类型。例如：

```
(float) a           //把 a 转换为浮点型
(int) (x+y)         //把 x+y 的结果转换为整型
```

在使用强制转换时应注意以下问题。

① 类型声明符和表达式都必须加括号(单个变量可以不加括号)，例如，若把(int) (x+y)写成 (int) x+y，则成了把 x 转换成 int 型之后再与 y 相加了。

② 无论是强制转换或是自动转换，都只是为了本次运算的需要而对变量的数据长度进行的临时性转换，而不改变原来对该变量定义的类型。

【例2-9】强制类型转换。

```
#include<stdio.h>
int main()
{
    float f=5.75;
    printf("(int)f=%d,f=%f\n",(int)f,f);
    return 0;
}
```

程序运行结果如图 2-10 所示。本例表明，f 虽被强制转换为 int 型，但只在运算中起作用，是临时性的，而 f 本身的类型并不改变。因此，(int)f 的值为5(删去了小数部分)；而 f 的值仍为 5.75。

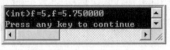

图 2-10　例 2-9 程序运行结果

2.5.3　赋值运算符和赋值表达式

1. 简单赋值运算符和简单赋值表达式

简单赋值运算符记为"="。由"="连接的式子称为赋值表达式。

(1) 简单赋值表达式的格式：

变量=表达式

例如：

```
x=a+b
y=i+++--j
```

(2) 简单赋值表达式的使用说明。

① 赋值运算符的功能具有单向性，即只能将表达式的值传给变量。

② 赋值运算符左边只能是单个变量名，不能是其他运算量。

③ 赋值运算符右边可以是常量、变量、函数或表达式。

④ 赋值运算符兼有计算与赋值双重功能，它首先计算出赋值运算符右边表达式的值，然后再把此值赋给左侧的变量。

⑤ 赋值运算符具有右结合性。因此，a=b=c=5 可理解为 a=(b=(c=5))。

⑥ 凡是表达式可以出现的地方均可出现赋值表达式。例如，式子 x=(a=5)+(b=8)是合法的。它的意义是把 5 赋给 a，把 8 赋给 b，再把 a 与 b 相加，其和赋给 x，故 x 应等于 13。

⑦ 赋值运算符的优先级低于算术运算符。

⑧ 按照 C 语言的规定，任何表达式在其末尾加上分号就构成语句，所以在赋值表达式的末尾加上分号就构成了赋值语句，这在程序中大量使用。

2. 赋值运算中的自动类型转换

如果赋值运算符两边的数据类型不相同，系统将自动进行类型转换，即把赋值运算符右边的类型转换成左边的类型。具体规定如下。

(1) 浮点型赋给整型，舍去小数部分。

(2) 整型赋给浮点型，数值不变，但将以浮点形式存放，即增加小数部分(小数部分的值为 0)。

(3) 字符型赋给整型，由于字符型为 1 字节，故将字符的 ASCII 码值放到整型量的低 8 位中，高位为 0。整型赋给字符型，只把低 8 位赋给字符量。

【例 2-10】赋值运算中的自动类型转换。

```
#include<stdio.h>
int main()
{
    int a,b=322;
    float x,y=8.88;
    char c1='k',c2;
```

```
a=y;
x=b;
printf("%d,%f ",a,x);
a=c1;
c2=b;
printf("%d,%c",a,c2);
return 0;
}
```

程序运行结果如图 2-11 所示。本例表明了上述赋值运算中类型转换的规则。a 为整型，被赋予浮点型量 y 值 8.88 后只取整数 8。x 为浮点型，被赋予整型量 b 值 322 后，增加了小数部分。字符型量 c1 赋给 a 后变为整型，整型量 b 赋给 c2 后取其低 8 位成为字符型(b 的低 8 位为 01000010，即十进制 66，按 ASCII 码值对应于字符 B)。

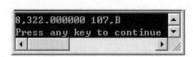

图 2-11　例 2-10 程序运行结果

(4) 在赋值运算中，赋值运算符两边量的数据类型不同时，赋值运算符右边量的类型将转换为左边量的类型。如果右边量的数据类型长度比左边长，将丢失一部分数据，这样会降低精度，舍去丢失的部分。

【例 2-11】赋值运算中的自动类型转换。

```
#include<stdio.h>
int main()
{
    float pi=3.14159;
    int s,r=10;
    s=r*r*pi;
    printf("s=%d\n",s);
    return 0;
}
```

程序运行结果如图 2-12 所示。本例中，pi 为浮点型，s、r 为整型。在执行 s=r*r*pi 语句时，r 和 pi 都转换成 double 型计算，结果也为 double 型。但由于 s 为整型，故赋值结果仍为整型，舍去了小数部分。

图 2-12　例 2-11 程序运行结果

3. 复合赋值运算符和复合赋值表达式

在赋值运算符之前加上其他双目运算符可构成复合赋值运算符，如+=、-=、*=、/=、%=、<<=、>>=、&=、^=、|=。

复合赋值表达式的一般形式如下：

变量 双目运算符=表达式

其等效于：

变量=变量 运算符 表达式

例如：

```
a+=5;              //等价于  a=a+5;
x*=y+7;            //等价于  x=x*(y+7);
```

对于复合赋值运算符的这种写法，初学者可能不习惯，但十分有利于编译处理，能提高编译效率，并生成质量较高的目标代码。

2.5.4　逗号运算符和逗号表达式

1. 逗号运算符和逗号表达式的定义

在 C 语言中逗号也是一种运算符，称为逗号运算符。其功能是把两个表达式连接起来组成一个表达式，称为逗号表达式。

2. 逗号表达式的格式

逗号表达式的一般形式如下：

表达式 1,表达式 2

3. 逗号表达式的功能

逗号表达式的求值过程是分别求两个表达式的值，并以表达式 2 的值作为整个逗号表达式的值。

【例 2-12】逗号表达式的求值。

```c
#include<stdio.h>
int main()
{
    int a=2,b=4,c=6,x,y;
    y=((x=a+b),(b+c));
    printf("y=%d,x=%d\n",y,x);
    return 0;
}
```

程序运行结果如图 2-13 所示。本例中，y 等于整个逗号表达式的值，也就是表达式 2 的值 10，x 等于第一个表达式的值 6。

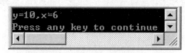

图 2-13　例 2-12 程序运行结果

4. 逗号表达式的注意事项

(1) 逗号表达式一般形式中的表达式 1 和表达式 2 也可以是逗号表达式。例如：

表达式 1,(表达式 2,表达式 3)

这就形成了嵌套情形。因此可以把逗号表达式扩展为以下形式：

表达式 1,表达式 2,…,表达式 n

整个逗号表达式的值等于表达式 n 的值。

(2) 程序中使用逗号表达式时，通常是要分别计算逗号表达式内各表达式的值，并不一定要计算整个逗号表达式的值。

(3) 并非所有出现逗号的地方都组成逗号表达式。例如，在变量定义中和函数参数表中的逗号只是用作各变量之间的分隔符。

(4) 赋值运算符的优先级高于逗号运算符的优先级。

2.6　习　题

一、选择题

1. 以下选项中不合法的标识符是(　　)。
   A. st.n
   B. FILE
   C. Main
   D. GO

2. 下列中属于字符型常量的是(　　)。
   A. 'AA'
   B. "B"
   C. '\117'
   D. '\x93L'

3. 以下(　　)是正确的变量名。
   A. 5f
   B. if
   C. f.5
   D. _f5

4. char 型变量存放的是(　　)。
   A. ASCII 码值
   B. 字符本身
   C. 十进制代码值
   D. 十六进制代码值

5. C 语言中最简单的数据类型包括(　　)。

    A. 整型、浮点型、逻辑型

    B. 整型、浮点型、字符型

    C. 整型、字符型、逻辑型

    D. 整型、实型、逻辑型、字符型

6. 下列叙述中正确的是(　　)。

    A. 强制类型转换运算的优先级高于算术运算的优先级

    B. 若 a 和 b 是整型变量，则(a+b)++是合法的

    C. "A"*'B'是合法的

    D. "A"+"B"是合法的

7. 下列中不是 C 语言浮点型常量的是(　　)。

    A. 55.0　　　　　　　　　　B. 0.0

    C. 55.5　　　　　　　　　　D. 55e2.5

8. 以下选项中属于 C 语言数据类型的是(　　)。

    A. 复数型　　　　　　　　　B. 逻辑型

    C. 双精度浮点型　　　　　　D. 集合型

9. 若已定义 f、g 为 double 类型，则表达式 f=1,g=f+5/4 的值是(　　)。

    A. 2.0　　　　　　　　　　 B. 2.25

    C. 2.1　　　　　　　　　　 D. 1.5

10. 设整型变量 a 为 5，使 b 不为 2 的表达式是(　　)。

    A. b=(++a)/3　　　　　　　 B. b=6-(--a)

    C. b=a%2　　　　　　　　　D. b=a/2

11. 若 t 为 double 类型，表达式 t=1,t*5，则 t 的值为(　　)。

    A. 1　　　　　　　　　　　 B. 6.0

    C. 2.0　　　　　　　　　　 D. 1.0

12. 在 C 语言中，运算对象必须是整型数的运算符是(　　)。

    A. %　　　　　　　　　　　 B. \

    C. %和\　　　　　　　　　　D. **

二、填空题

1. C 的整数可以用十、八和_____这 3 种进制表示。

2. C 语言中普通整型变量的类型声明符为_____。

3. 表达式 8/4*(int)2.5/(int)(1.25*(3.7+2.3))值的数据类型为_____。

4. 设 x 为 float 型变量，y 为 double 型变量，a 为 int 型变量，b 为 long 型变量，c 为 char 型变量，则表达式 x+y*a/x+b/y+c 的结果类型为_____。

5. 若 k 为 int 型变量且赋值为 11，运算 k++ 后表达式的值为_____。

6. 表达式 3.5+1/2 的计算结果是_____。

7. 若 a、b 和 c 均为 int 型变量，则执行以下表达式后，c 的值为_____。

$$c=(a=5)-(b=2)+a$$

8. C 语言的基本数据类型有整型、浮点型、字符型和_____。

9. 若有定义"char c='\010';"，则变量 c 中包含的字符个数为_____。

第 3 章

顺序结构程序设计

结构化程序可以分为 3 种基本结构：顺序结构、选择结构和循环结构。由以上 3 种基本结构组成的算法，可以解决任何复杂问题。本章先通过传统流程图和 N-S 结构化流程图来表示这 3 种结构实现的算法，然后介绍如何通过 C 语言提供的多种语句来实现顺序结构程序设计。对于选择结构和循环结构的程序设计将在第 4 章和第 5 章详细介绍。

3.1 结构化程序设计概述

结构化程序设计是常用的且较为重要的程序设计方法。在使用该方法之前，有必要了解结构化程序的特点及设计方法。

3.1.1 结构化程序的特点

结构化程序有如下几个特点。
(1) 只有一个入口。
(2) 只有一个出口。
(3) 无死语句(永远也执行不到的语句)。
(4) 无死循环(永远也不结束的循环)。

3.1.2 结构化程序的设计方法

结构化程序设计提倡清晰的结构，在程序设计中强调规范化，采用以下方法可以保证得到结构化的算法。

1. 自顶向下、逐步细化

先统筹考虑整体结构，对整体的几大部分进行划分，然后再对各部分做精细的设计。即把一个实际问题逐步进行分解，逐步具体化每个步骤。这种方法考虑周全，结构清晰，层次分明，如果发现哪一部分内容不全或需要改动，只需找出该部分进行调整即可，而整体部分不用改动。故这种方法常被项目所采用。

2. 模块化

除了自顶向下、逐步细化，在处理较大的复杂任务时，常采用模块化的方法。在程序设计时，不是把全部内容都放在同一个模块中，而是分成若干个子模块，每个子模块实现一个具体的功能。在程序中往往用函数来实现模块的功能。

3.2 用流程图表示3种基本结构

算法(algorithm)是指在有限的时间范围内，为解决某一问题而采取的方法和步骤的准确完整的描述，它是一个有穷的规则序列，这些规则决定了解决某一特定问题的一系列运算。对同一个问题，可以有不同的解题方法和步骤。

算法的传统流程图是用特定的几何图形及指向线表示解决问题的方法及步骤。圆角矩形为输入/输出框、矩形为处理框、菱形为判断框，还有带箭头的流程线和框内外必要的文字说明。

美国学者 I·Nassi 和 B·Shneiderman 提出了一种新的流程图形式。这种流程图由一些基本的矩形框组成，这种流程图称为 N-S 结构化流程图(以其发明者的首字母命名)。这种流程图又称为盒图，因为每个框都像个盒子。

下面分别介绍用传统流程图和 N-S 结构化流程图表示结构化程序设计的 3 种基本结构：顺序结构、选择结构及循环结构。

1. 顺序结构

图 3-1 是用传统流程图和 N-S 结构化流程图表示的顺序结构。其中，a 和 b 两个框是按照从上到下的顺序执行的，顺序结构是一种最简单的基本结构。

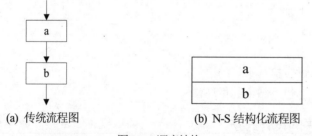

(a) 传统流程图   (b) N-S 结构化流程图

图 3-1   顺序结构

2. 选择结构(或称分支结构)

图 3-2 是用传统流程图和 N-S 结构化流程图表示的选择结构。根据给定的判断条件 p 是否满足，从两个分支路径中选择执行其一。图中表示，若判断条件 p 满足，则执行 a 框规定的操作，否则执行 b 框规定的操作。判断条件 p 由用户设定，如判断条件 p 是 x>y 等。

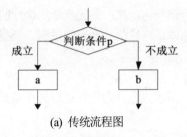
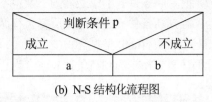

(a) 传统流程图　　　　　　　　　　(b) N-S 结构化流程图

图 3-2　选择结构

3. 循环结构(又称重复结构)

它的作用是反复执行某一部分操作。有两类循环结构：当型循环和直到型循环。

(1) 当型循环(while 型循环)

当指定的判断条件 p 成立时，就重复执行循环体，直到判断条件 p 不成立为止。当型循环有两种形式：先判断后执行型和先执行后判断型。

① 先判断后执行的当型循环

即先判断条件，后执行循环体，如图 3-3 所示。在执行该图所示的循环结构时，先判断条件 p 是否成立，若成立则执行循环体 a，如此反复直到某一次判断条件 p 不成立时，就不再执行 a，循环过程结束。

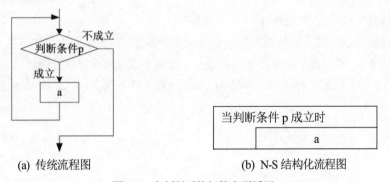

(a) 传统流程图　　　　　　　　　　(b) N-S 结构化流程图

图 3-3　先判断后执行的当型循环

② 先执行后判断的当型循环

即先执行循环体，然后再判断条件是否成立，如图 3-4 所示。从图中可以看出，先执行循环体 a，然后再判断条件 p 是否成立，如果 p 成立，则再返回执行 a，如此反复直到某一次判断条件 p 不成立时为止。

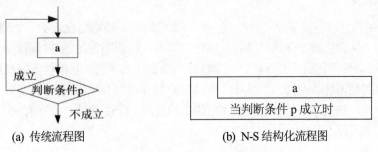

(a) 传统流程图　　　　　　　　　　(b) N-S 结构化流程图

图 3-4　先执行后判断的当型循环

由此可知：先执行后判断的当型循环，至少要执行循环体一次；而先判断后执行的当型循环，若开始时判断条件 p 不成立，则一次也不执行循环体。这是两种循环的区别。当型循环可以概括为：当判断条件 p 成立时，反复执行循环体。

(2) 直到型循环(until 型循环)

执行循环直到指定的判断条件 p 成立为止。直到型循环同样分为先判断后执行型和先执行后判断型。

① 先判断后执行的直到型循环

即先判断条件后执行循环体，见图 3-5。从图中可以看到，执行此循环结构时，先判断条件 p 是否成立，如果成立就不执行循环体 a；如果不成立就执行循环体 a。

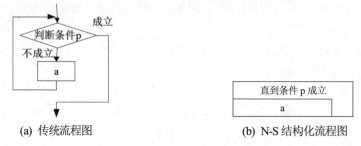

(a) 传统流程图   (b) N-S 结构化流程图

图 3-5   先判断后执行的直到型循环

② 先执行后判断的直到型循环

即先执行循环体，然后再判断条件 p 是否成立，见图 3-6。从图中可知其执行过程为：先执行一次循环体 a，然后再判断条件 p 是否成立。如果不成立就重复执行循环体 a，然后再判断条件 p；如果 p 仍不成立，再执行循环体 a，直至判断条件 p 成立，就结束循环过程。

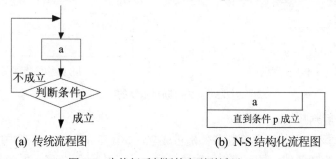

(a) 传统流程图   (b) N-S 结构化流程图

图 3-6   先执行后判断的直到型循环

4. 流程图比较

(1) N-S 结构化流程图省略了指向线，结构比较清晰，特别适合表示一个结构化的算法，能够方便地用于结构化程序设计。以后的例题均以 N-S 流程图为基础进行讲解。

(2) 对同一循环问题进行处理时，当型循环和直到型循环的判断条件正好相反，也就是说，完全可以将直到型循环转换为当型循环，所以在 C 程序中仅介绍当型循环。

本章将介绍一些基本语句及其在顺序结构中的应用，使读者对 C 程序有一个初步的认识，为后面各章的学习打下基础。

3.3　C 语句概述

C 程序的执行部分是由语句组成的。程序的功能也是通过执行语句实现的。C 语句分为 5
类：表达式语句、函数调用语句、控制语句、复合语句和空语句。

1. 表达式语句

表达式语句由表达式及其末尾的分号组成。

(1) 语句格式

```
表达式;
```

(2) 语句功能

执行表达式语句就是计算表达式的值。例如：

```
x=y+z;    //赋值表达式语句
y+z;      //加法运算表达式语句，但计算结果不能保留，无实际意义
i++;      //自增表达式语句，i 值增 1
```

2. 函数调用语句

函数调用语句由函数名(实参列表)及其末尾的分号组成。

(1) 语句格式

```
函数名(实参列表);
```

(2) 语句功能

执行函数调用语句就是调用函数体并把实参传递给函数定义中的形参，然后执行被调函数
的函数体中的语句，求函数值(在后面函数章节中详细介绍)。例如：

```
printf("c program");   //调用库函数，输出字符串
```

3. 控制语句

控制语句用于控制程序的流程，以实现程序的各种结构。它们由特定的语句定义符组成。
C 语言有 9 种控制语句，可分成以下 3 类：

(1) 分支选择语句：if 语句、switch 语句。

(2) 循环语句：do while 语句、while 语句、for 语句。

(3) 转向语句：goto 语句、break 语句、continue 语句、return 语句。

4. 复合语句

把多个语句用花括号({})括起来组成的一个语句称为复合语句，又称为语句块或语句组。
在程序中应把复合语句看成是一个整体，而不是作为多条语句分别看待。例如：

```
{
        x=y+z;
```

```
            a=b+c;
            printf("%d%d",x,a);
}
```

复合语句内的各条语句都必须以分号结尾，但要注意在 Visual C++ 6.0 中在"}"之后加不加分号均可。

5. 空语句

只有分号组成的语句称为空语句。空语句是什么也不执行的语句。在程序中空语句可用作空循环体。

3.4 赋值语句

赋值语句是最常用的表达式语句，它可以给变量赋初值，也可以在运行过程中通过计算给变量重新赋值。

1. 赋值语句的定义、格式及功能

(1) 定义

赋值语句是由赋值表达式及其末尾的分号构成的语句。

(2) 格式

```
变量=表达式;
```

(3) 功能

赋值语句的功能和特点都与赋值表达式相同。

2. 赋值语句使用的注意事项

(1) 在赋值运算符右边的表达式可以是一个赋值表达式

下述形式是成立的，从而形成嵌套的情形：

```
变量=(变量=表达式);
```

展开后的一般形式为：

```
变量=变量=表达式;
```

例如：

```
a=b=5;
```

按照赋值运算符的右结合性，因此实际上等效于：

```
b=5;
a=b;
```

(2) 在变量定义中给变量赋初值和赋值语句的区别

给变量赋初值是变量定义的一部分，赋初值后的变量与其后的其他同类变量之间仍必须用逗号分隔，而赋值语句则必须用分号结尾。例如：

```
int a=5,b;
```

(3) 在变量定义中，不允许连续给多个变量赋初值，而赋值语句允许连续赋值

如下述变量定义是错误的：

```
int a=b=5;
```

必须写为：

```
int a=5,b=5;
```

(4) 注意赋值表达式和赋值语句的区别

赋值表达式可以出现在任何允许表达式出现的地方，而赋值语句则不能。

3.5　数据输入/输出函数调用语句

数据输入/输出是人和计算机交互的重要路径。如果一个程序没有输出，就不知道这个程序实现了什么功能，因此也就无从判断程序的正确性。

3.5.1　数据输入/输出的方法

在 C 语言中，所有的数据输入与输出都是由库函数完成的，见表 2-8。在使用库函数时，要用预编译命令#include 将相关的头文件包含到源文件中。使用标准输入/输出库函数时要用到 stdio.h 文件(stdio 是 standard input&outupt 的意思)，因此源文件开头应有预编译命令：#include<stdio.h>或#include "stdio.h"。

3.5.2　字符输入/输出

1. 字符输出函数 putchar

(1) 函数功能

在显示器上输出单个字符。对控制字符则执行控制功能，不在屏幕上显示。

(2) 函数调用格式

```
putchar(字符型运算量)
```

例如：

```
putchar('a');          //输出小写字母 a
putchar('\101');       //输出大写字母 A
```

【例 3-1】输出单个字符。

```
#include<stdio.h>
int main()
{
    char a='B',b='o',c='k';
    putchar(a);putchar(b);putchar(b);putchar(c);putchar('\t');
    putchar(a);putchar(b);
    putchar('\n');
    putchar(b);putchar(c);
    putchar('\n');
    return 0;
}
```

程序运行结果如图 3-7 所示。

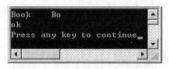

图 3-7　例 3-1 程序运行结果

2. 字符输入函数 getchar

(1) 函数功能

从键盘上输入一个字符。getchar 函数只能接收单个字符，输入数字也按字符处理。输入多于一个字符时，只接收第一个字符。

(2) 函数调用格式

```
getchar();
```

通常把输入的字符赋给一个字符变量，构成赋值语句，例如：

```
char c;
c=getchar();
```

【例 3-2】输入单个字符。

```
#include<stdio.h>
int main()
{
    char c;
    printf("input a character\n");
    c=getchar();
    putchar(c);
    printf("\n");
    return 0;
}
```

程序运行结果如图 3-8 所示。

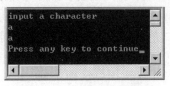

图 3-8　例 3-2 程序运行结果

3.5.3　格式输入/输出

printf 函数和 scanf 函数是两个标准库函数，它们的函数定义在头文件 stdio.h 中。

1. 格式输出函数 printf

(1) 函数功能

按用户指定的格式，把指定的数据显示到屏幕上。

(2) 函数调用格式

printf("格式控制字符串",输出列表)

其中，格式控制字符串用于指定输出格式。格式控制字符串可由格式字符串(即 format 标签)和非格式字符串组成。格式字符串是以%开头的字符串，在%后面跟有各种格式字符，用以说明输出数据的类型、形式、长度、小数位数等。例如，"%d"表示按十进制整型输出，"%c"表示按字符型输出等；非格式字符串在输出时原样打印，在显示中起提示作用。

format 标签可被随后附加的输出列表 args 中指定的值替换，并按需求进行格式化。输出列表中的每个输出项包含了一个要被输出的值，用于替换 format 标签中指定的每个%标签。输出项的个数应与%标签的个数相同，且类型一一对应。

(3) 格式字符串

格式字符串即 format 标签，它的一般形式如下：

% [标志 flags][输出最小宽度 width][精度 precision][长度 length]类型 specifier

其中，方括号([])中的项为可选项，各项的含义介绍如下。

① 标志 flags：标志字符为-、+、#、空格 4 种，含义如表 3-1 所示。

表 3-1　标志 flags

标志字符	含　义
-	在给定的字段宽度内左对齐(右边填空格)，默认是右对齐
+	强制在结果前面显示加号或减号(+或-)，即正数前面会显示+号。默认情况下，只有负数前面会显示一个-号
#	与 o、x 或 X 说明符一起使用时，非零值前面会分别显示 0、0x 或 0X。 与 e、E 和 f 说明符一起使用时，会强制输出中包含一个小数点，即使后边没有数字时也会显示小数点。默认情况下，如果后边没有数字，不会显示小数点。 与 g 或 G 说明符一起使用时，结果与使用 e 或 E 时相同，但是尾部的零不会被移除
空格	输出值为正时冠以空格，为负时冠以负号

② 输出最小宽度 width：用十进制整数来表示输出的最少位数。若实际位数多于定义的宽度，则按实际位数输出；若实际位数少于定义的宽度，则补以空格。

③ 精度 precision：精度格式符以"."开头，后跟十进制整数。本项的含义如下：对于整型说明符，它指定要写入的数字的最小位数。如果写入的值短于该数，结果会用前导零来填充。如果写入的值长于该数，结果不会被截断。精度为 0 意味着不写入任何字符。对于浮点型 e、E 和 f 说明符，表示要在小数点后输出的小数位数。对于浮点型 g 和 G 说明符，表示要输出的最大有效位数。对于字符串 s 类型，表示要输出的最大字符数。默认情况下，所有字符都会被输出，直到遇到末尾的空字符。对于字符 c 类型，没有任何影响。

当未指定任何精度时，默认为 1。如果指定时不带有一个显式值，则假定为 0。

④ 长度 length：指定一个不同于整型(针对 d、i 和 n)、无符号整型(针对 o、u 和 x)或浮点型(针对 e、f 和 g)的大小，有 h、l 和 L 三种。

其中，h 表示短整型(针对 d、i 和 n)，或无符号短整型(针对 o、u 和 x)；l 表示长整型(针对 d、i 和 n)，或无符号长整型(针对 o、u 和 x)，或双精度型(针对 e、f 和 g)；L 表示长双精度型(针对 e、f 和 g)

⑤ 类型 specifier：类型字符用以表示输出数据的类型，类型说明符及含义如表 3-2 所示。

表 3-2　类型说明符及含义

说明符	含　义
d	带符号十进制整数(正数不输出符号)
u	无符号十进制整数
f	十进制小数形式的浮点数
c	字符
s	字符串
o	无符号八进制整数。注：不输出前缀 o(小写字母 o)
x,X	无符号十六进制整数(不输出前缀 x 或 X。当格式字符为小写 x 时，输出的十六进制数中的 a~f 为小写；当格式字符为大写 X 时，输出的十六进制数中的 A~F 为大写)
0x,0X	无符号十六进制整数。注：不输出前缀 0x(数字 0)
e,E	指数形式的浮点数(尾数和指数)
g,G	以%f 或%e 或%E 中较短的输出宽度输出浮点数

【例 3-3】printf 函数的应用。

```c
#include<stdio.h>
int main()
{
    int a=88,b=89;
    printf("%d %d\n",a,b);
    printf("%d,%d\n",a,b);
```

```
        printf("%c,%c\n",a,b);
        printf("a=%d,b=%d\n ",a,b);
        return 0;
}
```

程序运行结果如图 3-9 所示。本例中 4 次输出了 a 和 b 的值,但由于格式控制字符串不同,输出的结果也不相同。函数执行部分的第 1 行的输出语句格式控制字符串中,两个格式字符串%d 之间加了一个空格(非格式字符),所以输出的 a 值和 b 值之间有一个空格。第 2 行的 printf 语句格式控制字符串中加入的是非格式字符逗号,因此输出的 a 值和 b 值之间加了一个逗号。第 3 行的格式字符串要求按字符型输出 a 和 b 的值。第 4 行中为了提示输出结果又增加了非格式字符串。

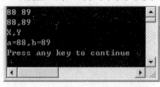

图 3-9　例 3-3 程序运行结果

2. 格式输入函数 scanf

(1) 函数功能

按用户指定的格式从键盘上把数据输入指定的变量中。

(2) 函数的一般形式

```
scanf("格式字符串",地址列表);
```

其中,格式字符串的作用与 printf 函数的 format 标签类似,但不能显示非格式字符串,也就是不能显示提示字符串;地址列表中给出各变量的地址,地址由地址运算符 "&" 后跟变量名组成。

例如,&a 和&b 分别表示变量 a 和变量 b 的地址,这个地址就是编译系统在内存中给 a 和 b 变量分配的地址,用户不必关心具体的地址是多少。

变量的地址和变量值的关系如下:在赋值表达式中给变量赋值,如 a=567,则 a 为变量名,567 是变量的值,&a 是变量 a 的地址。

但在赋值运算符左边是变量名,不能写地址,而 scanf 函数在本质上也是给变量赋值,但要求写变量的地址,如&a。这两者在形式上是不同的。&是一个取地址运算符,&a 是一个表达式,其功能是求变量的地址。

【例 3-4】输入/输出函数的应用。

```
#include<stdio.h>
int main()
{
    int a,b,c;
    printf("input a,b,c\n");
    scanf("%d%d%d",&a,&b,&c);
    printf("a=%d,b=%d,c=%d\n",a,b,c);
```

```
    return 0;
}
```

程序运行结果如图 3-10 所示。

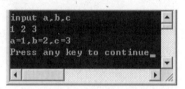

图 3-10   例 3-4 程序运行结果

在本例中,由于 scanf 函数本身不能显示提示字符串,故先用 printf 语句在屏幕上输出提示,要求用户输入 a、b、c 的值。执行 scanf 语句,用户输入"1   2   3"后按下回车键。在 scanf 语句的格式字符串中由于没有非格式字符在"%d%d%d"之间作为输入时的分隔符,因此在输入时要用一个以上的空格或回车键作为每两个输入数之间的分隔符。

(3) 格式字符串

格式字符串的一般形式如下:

[%[*][输入数据宽度 width][长度 length]类型 specifier]

其中,有方括号([])的项为可选项,各项的含义如下。

① "*"符:用于表示该输入项被读入后不赋给相应的变量,即跳过该输入值。例如:

scanf("%d %*d %d",&a,&b);

当输入"1   2   3"时,把 1 赋给 a,2 被跳过,3 赋给 b。

② 输入数据宽度 width:用十进制整数指定输入的最大宽度(即字符数)。例如:

scanf("%5d",&a);

输入"12345678",只把"12345"赋给变量 a,其余部分被截去。

又如:

scanf("%4d%4d",&a,&b);

输入"12345678",将把"1234"赋给 a,而把"5678"赋给 b。

③ 长度 length:同 printf 函数的 length 的说明,例如,长整型数据用%ld 表示,双精度浮点数用%lf 表示。

④ 类型 specifier:一个字符,指定要被读取的数据类型以及数据读取方式,其说明符及其含义如表 3-3 所示。

表 3-3   类型说明符及含义

说明符	含 义
d	输入十进制整数
o	输入八进制整数
x,X	输入十六进制整数
u	输入无符号十进制整数

(续表)

说明符	含　义
f,e,E,g,G	输入浮点数(用小数形式或指数形式)
c	输入单个字符
s	输入字符串(读取连续字符，直到遇到一个空格符、换行符或制表符)

(4) 使用 scanf 函数的注意事项

① scanf 函数中没有精度控制，如 scanf("%5.2f",&a);是非法的。不能试图用此语句输入小数为两位的实数。

② scanf 函数中要求给出变量地址，若给出变量名则会出错。如 scanf("%d",a);是非法的，应改为 scanf("%d",&a);。

③ 在输入多个数值数据时,若格式控制字符串中没有非格式字符作为输入数据之间的分隔符，则可用空格、Tab 键或回车键进行分隔。C 编译器在遇到空格、Tab 键、回车键或非法数据(如对%d 输入 12a 时，a 即为非法数据)时，即认为该数据结束。

④ 在输入字符数据时，若格式控制串中没有非格式字符，则认为所有输入的字符均为有效字符。

【例 3-5】输入/输出字符数据。

```c
#include<stdio.h>
int main()
{
    char a,b;
    printf("input character a,b\n");
    scanf("%c%c",&a,&b);
    printf("%c%c\n",a,b);
    return 0;
}
```

程序运行结果如图 3-11 所示。由于 scanf 函数"%c%c"中没有空格，因此输入"M　N"时，结果输出中只有 M。这是因为字符 M 赋给了变量 a，字符空格赋给了变量 b，所以输出中只有 M。而将输入改为 MN 时，则可输出 MN 两个字符。

图 3-11　例 3-5 程序运行结果

【例 3-6】输入/输出字符数据。

```c
#include<stdio.h>
int main()
```

```
{
    char a,b;
    printf("input character a,b\n");
    scanf("%c %c",&a,&b);
    printf("\n%c%c\n",a,b);
    return 0;
}
```

程序运行结果如图 3-12 所示。scanf 格式控制符"%c %c"之间有空格时，输入的数据之间可以用空格进行分隔。

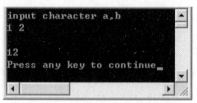

图 3-12　例 3-6 程序运行结果

⑤　如果格式控制串中有非格式字符，则输入时也要输入该非格式字符。例如：

```
scanf("%d,%d,%d",&a,&b,&c);
```

其中，用非格式字符逗号作为分隔符，故输入时应为：

```
5,6,7
```

又如：

```
scanf("a=%d,b=%d,c=%d",&a,&b,&c);
```

则输入应为：

```
a=5,b=6,c=7
```

⑥　若输入数据的类型与输出数据的类型不一致，虽然编译能够通过，但结果不正确。

【例 3-7】输入数据的类型与输出数据的类型不一致会产生错误。

```
#include<stdio.h>
int main()
{
    int a,b;
    printf("input integer a,b\n");
    scanf("%d,%d",&a,&b);
    printf("%f,%f\n",a,b);
    return 0;
}
```

程序运行结果如图 3-13 所示。当输入两个整型数据按回车键后，则出现的结果是错误的，这是因为程序定义和输入的两个数为整型，而要以浮点型输出，则会出现错误。

图 3-13　例 3-7 程序运行结果

3.6　顺序结构程序设计举例

下面再举两个例子，以进一步熟悉顺序结构程序设计的方法。

【例 3-8】输入三角形的三边长，求三角形的面积。

已知三角形的三边长为 a、b、c，则该三角形的面积公式为 $area = \sqrt{s(s-a)(s-b)(s-c)}$，其中 s=(a+b+c)/2。

分析：此题使用的求平方根函数 sqrt 包含在数学头文件中，所以要用 include 将 math.h 包含进来。

源文件如下：

```c
#include<math.h>
#include<stdio.h>
int main()
{
    float a,b,c,s,area;
    printf("输入 a,b,c:");
    scanf("%f,%f,%f",&a,&b,&c);
    s=1.0/2*(a+b+c);
    area=sqrt(s*(s-a)*(s-b)*(s-c));
    printf("a=%7.2f,b=%7.2f,c=%7.2f\n",a,b,c);
    printf("s=%7.2f,area=%7.2f\n",s,area);
    return 0;
}
```

程序运行结果如图 3-14 所示。

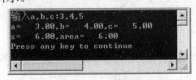

图 3-14　例 3-8 程序运行结果

【例 3-9】求方程 $ax^2+bx+c=0$ 的根，a、b、c 由键盘输入，假设 $b^2-4ac>0$。

源文件如下：

```c
#include<math.h>
#include<stdio.h>
```

```
int main()
{
    float a,b,c,disc,x1,x2,p,q;
    printf("input a,b,c(保证 b*b-4*a*c 大于 0):");
    scanf("%f,%f,%f",&a,&b,&c);
    disc=b*b-4*a*c;
    p=-b/(2*a);
    q=sqrt(disc)/(2*a);
    x1=p+q;x2=p-q;
    printf("x1=%5.2f\nx2=%5.2f\n",x1,x2);
    return 0;
}
```

程序运行结果如图 3-15 所示。

图 3-15　例 3-9 程序运行结果

3.7 习 题

一、选择题

1. 下面的叙述中，(　　　)不是结构化程序设计中的 3 种基本结构之一。

  A. 数据结构　　　　　　　　　B. 选择结构

  C. 循环结构　　　　　　　　　D. 顺序结构

2. 已知 int a,b;用语句 scanf("%d%d",&a,&b);输出，输入 a、b 的值时，以下不能作为输入数据分隔符的是(　　)。

  A. ,　　　　　　　　　　　　B. 空格

  C. 回车键　　　　　　　　　　D. [TAB]

3. 已知 int y;，执行语句 y=5/2;，则变量 y 的结果是(　　　)。

  A. 2　　　　　　　　　　　　B. −2

  C. 2.5　　　　　　　　　　　D. 2.0

4. 已知 int y;，执行语句 y=5%-3;，则变量 y 的结果是(　　　)。

  A. 2　　　　　　　　　　　　B. −2

  C. 1　　　　　　　　　　　　D. −1

5. 设 int a=2,b=2;，则++a+b 的结果是(　　　)。

  A. 2　　　　　　　　　　　　B. 3

  C. 4　　　　　　　　　　　　D. 5

6. getchar 函数的功能是从终端输入(　　)。
    A. 一个整型变量值　　　　　　　B. 一个实型变量值
    C. 多个字符　　　　　　　　　　D. 一个字符

7. putchar 函数的功能是向终端输出(　　)。
    A. 多个字符　　　　　　　　　　B. 一个字符
    C. 一个实型变量值　　　　　　　D. 一个整型变量表达式

8. 已有如下定义和输入语句：

```
int a; char c1,c2;
scanf("%d,%c,%c", &a, &c1, &c2);
```

若要求 a、c1、c2 的值分别为 10、A 和 B，则以下正确的数据输入是(　　)。
    A. 10AB　　　　　　　　　　　　B. 10,A,B
    C. 10A　B　　　　　　　　　　　D. 10　AB

9. 若有声明和语句 int a=5,b=6;b*=a+1;，则 b 的值为(　　)。
    A. 5　　　　　　　　　　　　　　B. 6
    C. 31　　　　　　　　　　　　　D. 36

10. 下列程序的运行结果是(　　)。

```
#include <stdio.h>
int main(    )
{    int a=2,c=5;
     printf("a=%d,b=%d\n",a,c);
}
```

    A. a=%2,b=%5　　　　　　　　　B. a=2,b=5
    C. a=d, b=d　　　　　　　　　　D. a=%d,b=%d

二、填空题

1. 设有以下变量定义，并已赋确定的值，则表达式 w*x+z-y 所求得的数据类型是_____。

```
char w; int x; float y; double z;
```

2. 若有定义 int y=7;float x=2.5,z=4.7;，则以下表达式的值为_____。

```
x+(int)(y/3*(int)(x+z)/2)%4
```

3. 若有声明和语句 int a=25,b=60;b=++a;，则 b 的值是_____。

三、程序分析题(写出程序的运行结果)

1.
```
#include <stdio.h>
int main()
{    int a,b,c;
```

```
    a=-1;b=-2;
    c=++a-b++;
    printf("%d",c);
}
```

2.

```
#include <stdio.h>
int main()
{   int x,y,z;
    x=1;y=3;
    z=++x+(++y);
    printf("%d",z);
}
```

四、程序设计题

请编写程序,输入一个4位数字,要求输出这4个数字字符,每个数字间空一个空格。例如,输入1990,应输出"1 9 9 0"。

第 4 章

选择结构程序设计

用顺序结构能编写一些简单的程序,进行简单的运算。但是,人们对计算机的要求不只局限于一些简单的运算,还经常要求计算机进行逻辑判断。即给出一个条件,让计算机判断该条件是否成立,并按不同的情况进行不同的处理,这就是选择结构。

4.1 选择结构程序设计概述

在日常生活中,经常会遇到根据条件做出不同处理的问题,举例如下:

(1) 从键盘输入一个数,如果它是正数,把它打印出来;否则不打印。

(2) 判断一个正整数的奇偶性。

(3) 计算机输出 y 的值(不使用符号函数 sgn):

$$y= \begin{cases} 1 & (当x>0) \\ 0 & (当x=0) \\ -1 & (当x<0) \end{cases}$$

以上这些问题都需要由计算机按照给定的条件进行分析、比较和判断,并按照判断后的不同情况进行相应的处理。这种问题属于选择结构。前面介绍了选择结构的流程图,其中简要介绍了 N-S 结构化流程图。若上面 3 个问题用 N-S 流程图来表示,则分别如图 4-1~图 4-3 所示。

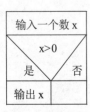

图 4-1 输出正数

图 4-2 判断正整数的奇偶性

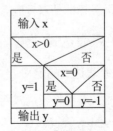

图 4-3 求符号函数

由于选择结构是通过判断条件的真假来决定选择哪个分支,因此需要先介绍一下可以作为判断条件的几种表达式。

4.2 关系运算符和表达式

在程序中经常需要比较两个量的大小关系，以决定程序下一步的工作。比较两个量的运算符称为关系运算符。

4.2.1 关系运算符

关系运算符，也称为比较运算符，用来对两个表达式的值进行比较。

1. 关系运算符的种类

在 C 语言中有以下关系运算符：(1)<小于；(2)<=小于或等于；(3)>大于；(4)>=大于或等于；(5)==等于；(6)!=不等于。

2. 关系运算的值

关系运算的值有真和假两种。如果满足运算符的定义，则结果为真，否则结果为假。虽然 C 编译系统在给出关系运算值时，以 1 代表真，0 代表假。但反过来在判断一个量是为真还是为假时，以 0 代表假，而以非 0 的数值作为真。例如，5>0 的值为真，即为 1；(a=3)>(b=5)由于 3>5 不成立，故其值为假，即为 0。

3. 关系运算的求值规则

(1) 在对两个数值表达式进行关系运算时，是比较两个数值的大小。例如，3>5 的运算结果为假，(3+5)>7 的运算结果为真。

(2) 对于字符型数据的比较，直接比较单个字符的 ASCII 码的大小，如'a'>'b'的结果为假。不可以直接比较两个字符串。

4. 关系运算符的优先级

关系运算符的优先级低于算术运算符，高于赋值运算符。在 6 个关系运算符中，"<、<=、>、>="的优先级相同，高于"=="和"!="，"=="和"!="的优先级相同。

5. 关系运算符的结合性

关系运算符都是双目运算符，其结合性均为左结合。

4.2.2 关系表达式

1. 关系表达式的定义

用关系运算符将表达式连接起来构成的有意义的式子称为关系表达式。

2. 关系表达式的格式

表达式 关系运算符 表达式

例如：

a+b>c-d

3. 关系表达式的使用说明

(1) 赋值运算符 "=" 和等于运算符 "==" 是不同的。"==" 两侧的运算量可以互换，而 "=" 两侧的运算量不可以互换。

(2) 由于表达式也可以又是关系表达式，因此也允许出现嵌套的情况。例如：

```
a>(b>c)
```

【例 4-1】关系表达式求值。

```c
#include<stdio.h>
int main()
{
    char c='k';
    int i=1,j=2,k=3;
    float x=3e+5,y=0.85;
    printf("%d,%d\n",'a'+5<c,-i-2*j>=k+1);
    printf("%d,%d\n",1<j<5,x-5.25<=x+y);
    printf("%d,%d\n",i+j+k==-2*j,k==j==i+5);
    return 0;
}
```

程序运行结果如图 4-4 所示。

图 4-4　例 4-1 程序运行结果

在本例中求出了各种关系运算符的值。字符变量是以它对应的 ASCII 码参与运算的。对于含多个关系运算符的表达式，如 k==j==i+5，根据运算符的左结合性，先计算 k==j，该式不成立，其值为 0，再计算 0==i+5，也不成立，故表达式的值为 0。

4.3　逻辑运算符和表达式

在程序中不仅需要比较两个量的大小关系，有时还会遇到更复杂的问题，这些问题涉及多个条件，可能需要根据这些具有关联关系的多个条件来决定程序下一步的工作，这就会涉及逻辑运算符。

4.3.1　逻辑运算符

1. 逻辑运算符的种类

C 语言中提供了 3 种逻辑运算符，如表 4-1 所示。

表 4-1 逻辑运算符

运算符	名 称	运算量个数	说 明	结合性
!	逻辑非	单目运算符	对单个表达式取反，即由真变假或由假变真	右结合
&&	逻辑与	双目运算符	两个表达式都为真时，表达式的值为真	左结合
||	逻辑或	双目运算符	两个表达式有一个为真时，表达式的值为真	左结合

2. 逻辑运算的值

逻辑运算的值也为真和假两种，分别用 1 和 0 来表示。

3. 逻辑运算的求值规则

(1) 与运算&&

参与运算的两个量都为真时，结果才为真，否则为假。例如：

```
5>0&&4>2
```

由于 5>0 为真，4>2 也为真，因此相与的结果也为真。

(2) 或运算||

参与运算的两个量只要有一个为真，结果就为真；两个量都为假时，结果为假。例如：

```
5>0||5>8
```

由于 5>0 为真，因此相或的结果也就为真。

(3) 非运算!

参与的运算量为真时，结果为假；参与的运算量为假时，结果为真。例如，!(5>0)的结果为假。

4. 逻辑运算符的优先级

逻辑运算符和其他运算符优先级的关系由高到低可表示如下：

(1) !→&&→||。

(2) 逻辑运算符!→算术运算符→关系运算符→逻辑运算符&&→逻辑运算符||→赋值运算符。

按照运算符的优先顺序可以得出：a+b>c&&x+y<b 等价于((a+b)>c)&&((x+y)<b)。

5. 逻辑运算符的结合性

逻辑运算符!是右结合，逻辑运算符&&和||是左结合。

4.3.2 逻辑表达式

1. 逻辑表达式定义

用逻辑运算符将表达式连接起来构成的有意义的式子称为逻辑表达式。

2. 逻辑表达式的格式

表达式　逻辑运算符　表达式

其中的表达式也可以是逻辑表达式，从而组成嵌套的情形。例如：

(a||b)&&c

3. 逻辑表达式的值

逻辑表达式的值是式中各种逻辑运算的最后值，以 1 和 0 分别代表真和假。

【例 4-2】逻辑表达式求值。

```
#include<stdio.h>
int main()
{
    char c='k';
    int i=1,j=2,k=3;
    float x=3e+5,y=0.85;
    printf("%d,%d\n",!x*!y,!!!x);
    printf("%d,%d\n",x||i&&j-3,i<j&&x<y);
    printf("%d,%d\n",i==5&&c&&(j=8),x+y||i+j+k);
    return 0;
}
```

程序运行结果如图 4-5 所示。

图 4-5　例 4-2 程序运行结果

本例中!x 和!y 分别为 0，!x*!y 也为 0，故其输出值为 0。由于 x 为非 0，故!!!x 的逻辑值为 0。对于 x||i&&j-3 式，先计算 j-3 的值为非 0，再求 i&&j-3 的逻辑值为 1，故 x||i&&j-3 的逻辑值为 1。对于 i<j&&x<y 式，由于 i<j 的值为 1，而 x<y 的值为 0，故表达式的值为 1，和 0 相与，最终结果为 0。对于 i==5&&c&&(j=8)式，由于 i==5 为假，即值为 0，该表达式由两个与运算组成，因此整个表达式的值为 0。对于 x+y||i+j+k 式，由于 x+y 的值为非 0，故整个或表达式的值为 1。

4.4　用 if 语句实现选择结构程序设计

在 C 语言中，提供了两种实现选择结构的语句：条件语句(也称 if 语句)和开关语句(也称 switch 语句)。用 if 语句可以构成选择结构，它根据给定的条件进行判断，以决定执行某个分支程序段。C 语言的 if 语句有 3 种形式。

4.4.1 if 语句的 3 种形式

1. 第一种形式为基本形式：if

(1) 第一种 if 语句的格式

```
if(表达式)
    语句;
```

或写成：

```
if(表达式) 语句;
```

该语句可写在一行，也可以写在两行，但 if(表达式)不是一个单独的语句，所以末尾无分号。

(2) 第一种 if 语句的功能

如果表达式的值为真，则执行其后的语句，否则不执行该语句。其执行过程的表示如图 4-6 所示。

图 4-6   第一种 if 语句的执行过程

【例 4-3】从键盘输入一个数，如果它是正数，把它打印出来；否则不打印。

程序流程如图 4-1 所示，程序如下：

```c
#include<stdio.h>
int main()
{
    int a;
    printf("输入 a:");
    scanf("%d",&a);
    if(a>0)
        printf("a=%d",a);
    return 0;
}
```

程序运行结果如图 4-7 所示。本例程序中，输入一个数 a，用 if 语句判断 a 是否为正数，若为正数，则输出 a 的值；若为负数，则不输出。

图 4-7   例 4-3 程序运行结果

【例4-4】比较3个数的大小，输出最大者。

程序如下：

```
#include"stdio.h"
int main()
{
    int x,y,z,max;
    printf("input x,y,z: ");
    scanf("%d,%d,%d",&x,&y,&z);
    max=x;
    if(y>max) max=y;
    if(z>max) max=z;
    printf("max=%d\n",max);
    return 0;
}
```

程序运行结果如图 4-8 所示。

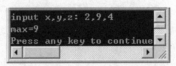

图 4-8　例 4-4 程序运行结果

该程序的设计思想类似摆擂台。先任选一个选手 x 站到擂台上，暂时认为他是最强的，即作为 max(对应语句 max=x;)，然后按照一定的规则，在剩余的选手中再选一个选手 y，与目前最强的 max 比武，两者哪个获胜哪个就作为当前最强的选手，记为当前的 max；以此类推，每次都按照相同的规则，在剩余的选手中再选一个选手与当前最强的 max 比武，直到没有剩余选手为止，那么最终的 max 即为所有选手中的最强选手。

2. 第二种形式为：if-else

(1) 第二种 if 语句的格式

```
if(表达式)
    语句 1;
else
    语句 2;
```

或写成：

```
if(表达式) 语句 1;
else  语句 2;
```

(2) 第二种 if 语句的功能

如果表达式的值为真，则执行语句 1，否则执行语句 2。其执行过程的表示如图 4-9 所示。

表达式	
真	假
语句 1	语句 2

图 4-9　第二种 if 语句的执行过程

【例 4-5】 判断一个正整数的奇偶性。

程序流程如图 4-2 所示，程序如下：

```c
#include<stdio.h>
int main()
{
    int a;
    printf("输入 a:");
    scanf("%d",&a);
    if(a%2==0)
        printf("%d 是偶数\n",a);
    else
        printf("%d 是奇数\n",a);
    return 0;
}
```

程序运行结果如图 4-10 所示。

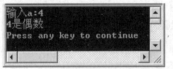
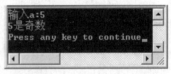

图 4-10　例 4-5 程序运行结果

3. 第三种形式为：if-else-if

前两种形式的 if 语句一般都用于两个分支的情况。当有多个分支选择时，可采用 if-else-if 语句。

(1) 第三种 if 语句的格式

```c
if(表达式 1)
    语句 1;
else   if(表达式 2)
    语句 2;
else   if(表达式 3)
    语句 3;
…
else if(表达式 n)
    语句 n;
```

else
　　语句 n+1;

或写成:

if(表达式 1) 语句 1;
else if(表达式 2)　语句 2;
else if(表达式 3)　语句 3;
…
else if(表达式 n)　语句 n;
else　语句 n+1;

(2) 第三种 if 语句的功能

依次判断表达式的值,当出现某个值为真时,则执行其对应的语句。然后跳到整个 if 语句
之外继续执行程序。如果所有的表达式均为假,则执行语句 n+1。然后继续执行该 if 语句的后
续程序。if-else-if 语句的执行过程如图 4-11 所示。

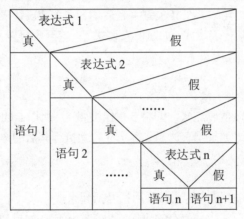

图 4-11　第三种 if 语句的执行过程

【例 4-6】在计算机上输出 y 的值(不使用符号函数 sgn):

$$y=\begin{cases} 1 & (当 x>0) \\ 0 & (当 x=0) \\ -1 & (当 x<0) \end{cases}$$

程序流程如图 4-3 所示,程序如下:

```c
#include"stdio.h"
int main()
{
    int x,y;
    printf("input x: ");
    scanf("%d",&x);
    if(x>0)
        y=1;
```

```
    else if(x<0)
        y=-1;
    else
        y=0;
    printf("x=%d,y=%d\n",x,y);
    return 0;
}
```

程序运行结果如图 4-12 所示。

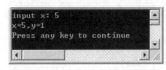 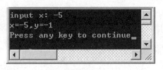 

图 4-12　例 4-6 程序运行结果

4. 使用 if 语句的注意事项

(1) 在 3 种形式的 if 语句中，在 if 关键字之后均为表达式。该表达式通常是逻辑表达式或关系表达式，但也可以是其他表达式，如赋值表达式等，甚至也可以是一个变量或是一个常量，其中表达式的值非 0 即为真，0 即为假。例如：

```
if(a=5)b=a+3;
```

其中，表达式 a=5 是赋值表达式，即将 5 赋给变量 a，所以 a 的值 5(非 0)永远为真，这样其后的语句总是要执行的。如果想表达当 a 等于 5 时才执行其后的语句，则应写成：

```
if(a==5)b=a+3;
```

(2) 在 if 语句中，条件判断表达式必须用括号括起来。

(3) 在 if 语句的 3 种形式中，所有的语句应为单个语句，如果想要在满足条件时执行多个语句，则必须把这些语句用{}括起来组成一个复合语句。例如：

```
if(a>b)
{
    a++;
    b++;
}
else
    a=0;
```

表示当 a>b 时，将 a 和 b 都加 1，否则将 a 赋值为 0。

4.4.2　if 语句的嵌套

1. if 语句嵌套的定义

if 语句嵌套指 if 语句中的执行语句又是 if 语句。

2. if 语句嵌套的完整格式

```
if(表达式 1)
    if(表达式 2)
        语句 1;
    else
        语句 2;
else
    if(表达式 3)
        语句 3;
    else
        语句 4;
```

该完整格式表示：外层 if 语句条件成立时执行的语句可以又是一个内层 if 语句，条件不成立时执行的语句也可以是一个内层 if 语句。在具体应用场合下，可能不是以完整形式出现的，可以有省略情况。既可以只在外层 if 语句条件成立时内嵌一个 if 语句，也可以只在外层 if 语句条件不成立时内嵌一个 if 语句，而且每个 if 语句的 else 子句都可以省略。

3. if 语句嵌套的配对原则

当出现多个 if 和多个 else 重叠的情况时，要特别注意 if 和 else 的配对问题。为了避免二义性，C 语言规定，else 总是与它前面离它最近的未被配对的 if 配对；也可以将内层 if 语句用{}括起来，使得层次清晰，避免二义性。例如：

```
if(表达式 1)
    if(表达式 2)
        语句 1;
    else
        语句 2;
```

按照配对原则，应该理解为：

```
if(表达式 1)
{
    if(表达式 2)
        语句 1;
    else
        语句 2;
}
```

【例 4-7】if 语句嵌套举例。

```
#include<stdio.h>
int main()
{
    int a,b;
```

```
    printf("please input a,b: ");
    scanf("%d,%d",&a,&b);
    if(a!=b)
        if(a>b)
            printf("a>b\n");
        else
            printf("a<b\n");
    else
        printf("a=b\n");
    return 0;
}
```

程序运行结果如图4-13所示。

 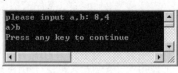 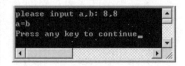

图4-13 例4-7程序运行结果

程序的功能是比较两个数的大小关系。本例中使用了if语句的嵌套结构。采用嵌套结构实质上是为了进行多分支选择，实际上有3种选择，即a>b、a<b或a=b。

4. if语句嵌套的使用原则

if语句嵌套也可以用if-else-if语句完成，而且程序结构更加清晰。因此，在一般情况下，较少使用if语句的嵌套结构，而是使用if-else-if语句完成多分支选择，令程序更便于阅读和理解。

【例4-8】用if-else-if语句代替if语句嵌套。

```
#include<stdio.h>
int main()
{
    int a,b;
    printf("please input a,b: ");
    scanf("%d,%d",&a,&b);
    if(a==b)
        printf("a=b\n");
    else if(a>b)
        printf("a>b\n");
    else
        printf("a<b\n");
    return 0;
}
```

4.4.3　条件运算符和条件表达式

如果在条件语句中，只执行单个的赋值语句，通常使用条件表达式来实现。这不但可以使程序简洁，而且提高了运行效率。

1. 条件运算符

条件运算符为"?:"，它是一个三目运算符，即有 3 个参与运算的量。

2. 条件表达式

由条件运算符组成条件表达式的一般形式为：

```
表达式 1?表达式 2:表达式 3
```

3. 条件表达式的求值规则

如果表达式 1 的值为真，则以表达式 2 的值作为条件表达式的值，否则以表达式 3 的值作为条件表达式的值。

4. 条件表达式的应用场合

条件表达式通常用于赋值语句中。例如，条件语句：

```
if(a>b)
      max=a;
else
      max=b;
```

可用条件表达式写为：

```
max=(a>b)?a:b;
```

执行该语句的语义如下：若 a>b 为真，则把 a 赋给 max，否则把 b 赋给 max。

5. 使用条件表达式的注意事项

使用条件表达式时，还应注意以下几点。

(1) 条件运算符的运算优先级低于关系运算符和算术运算符，但高于赋值运算符。例如：

```
max=(a>b)?a:b
```

可以去掉括号而写为：

```
max=a>b?a:b
```

(2) 条件运算符中的?和:是一对运算符，不能分开单独使用。

(3) 条件运算符的结合方向是自右至左。例如：

```
a>b?a:c>d?c:d
```

应理解为：

```
a>b?a:(c>d?c:d)
```

这也就是条件表达式嵌套的情形，即其中的表达式 3 又是一个条件表达式。

【例 4-9】用条件表达式编程，输出两个数中的较大者。

```
#include<stdio.h>
int main()
{
    int a,b,max;
    printf("input two numbers:");
    scanf("%d,%d",&a,&b);
    max=a>b?a:b;
    printf("max=%d\n",max);
    return 0;
}
```

程序运行结果如图 4-14 所示。

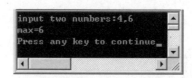

图 4-14   例 4-9 程序运行结果

4.5   用 if 语句实现选择结构程序设计

C 语言还提供了另一种用于多分支选择的 switch 语句。

1. switch 语句的格式

```
switch(表达式)
{
    case  常量表达式 1:语句 1;
    case  常量表达式 2:语句 2;
    …
    case  常量表达式 n:语句 n;
    default            :语句 n+1;
}
```

2. switch 语句的功能

计算表达式的值，并逐个与其后的常量表达式的值相比较，当表达式的值与某个常量表达式的值相等时，即执行其后的语句，然后不再进行判断，继续执行后面所有 case 后的语句。若表达式的值与所有 case 后的常量表达式的值均不相等，则执行 default 后的语句。

【例 4-10】输入一个数字，输出一个单词。

```c
#include<stdio.h>
int main()
{
    int a;
    printf("input integer number: ");
    scanf("%d",&a);
    switch (a)
    {
            case 1:printf("Monday\n");
            case 2:printf("Tuesday\n");
            case 3:printf("Wednesday\n");
            case 4:printf("Thursday\n");
            case 5:printf("Friday\n");
            case 6:printf("Saturday\n");
            case 7:printf("Sunday\n");
            default:printf("error\n");
    }
    return 0;
}
```

程序运行结果如图 4-15 所示。本程序要求用户输入一个数字，之后程序输出一个单词。但是当输入 3 之后，却执行了 case 3 以及之后的所有语句，输出了 Wednesday 及之后的所有单词。这当然是用户所不希望的。在 switch 语句中，case 常量表达式只相当于一个语句标号，表达式的值和某标号相等则转向该标号执行，但不能在执行完该标号的语句后自动跳出整个 switch 语句，所以出现了继续执行所有后面 case 语句的情况。这与前面介绍的 if 语句完全不同，应特别注意。

3. 使用 break 语句跳出 switch 语句

C 语言提供了一种 break 语句，可用于跳出 switch 语句。break 语句只有关键字 break，没有参数，在循环结构中还将详细介绍。在每一 case 语句之后增加 break 语句，可使每次执行之后均可跳出 switch 语句，从而避免输出不应有的结果。

【例 4-11】对例 4-10 程序的修正。

```c
#include<stdio.h>
int main()
{
    int a;
    printf("input integer number:");
    scanf("%d",&a);
    switch (a)
    {
        case 1:printf("Monday\n");break;
```

```
        case 2:printf("Tuesday\n"); break;
        case 3:printf("Wednesday\n");break;
        case 4:printf("Thursday\n");break;
        case 5:printf("Friday\n");break;
        case 6:printf("Saturday\n");break;
        case 7:printf("Sunday\n");break;
        default:printf("error\n");
    }
    return 0;
}
```

程序运行结果如图 4-16 所示。

图 4-15　例 4-10 程序运行结果

图 4-16　例 4-11 程序运行结果

【例 4-12】某商店售货按购买货物的金额多少分别给予不同的优惠折扣。购货不足 250 元的，没有折扣；购货满 250 元(含 250 元，下同)不足 500 元的，折扣为 5%；购货满 500 元，不足 1000 元的，折扣为 7.5%；购货满 1000 元，不足 2000 元的，折扣为 10%；购货满 2000 元的，折扣为 15%。设购货款为 m，折扣为 d，以上规定可表示为：

$$d = \begin{cases} 0 & (m < 250) \\ 5\% & (250 \leqslant m < 500) \\ 7.5\% & (500 \leqslant m < 1000) \\ 10\% & (1000 \leqslant m < 2000) \\ 15\% & (2000 \leqslant m) \end{cases}$$

其 N-S 结构化流程图如图 4-17 所示。程序如下：

输入 m				
根据(int)(m/250)的值				
0	1	2~3	4~7	≥8
d=0	d=5	d=7.5	d=10	d=15
amount=m*(1-d/100)				
输出 amount				

图 4-17　例 4-12 程序流程图

```
#include<stdio.h>
int main()
{
    float m,d,s;
```

```
printf("输入货款: ");
scanf("%f",&m);
switch((int)(m/250))
{
    case 0:d=0; break;
    case 1:d=5; break;
    case 2:
    case 3:d=7.5; break;
    case 4:
    case 5:
    case 6:
    case 7:d=10; break;
    default:d=15;
}
s= m*(100-d)/100;
printf("m=%f,s=%f",m,s);
return 0;
}
```

程序运行结果如图 4-18 所示。

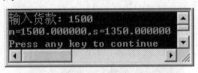

图 4-18 例 4-12 程序运行结果

4. 使用 switch 语句的注意事项

(1) 在 case 后的各常量表达式的值不能相同，否则会出现错误。

(2) 在 case 后，允许有多个语句，可以不用{}括起来。

(3) default 子句可以省略。

4.6 选择结构程序设计举例

下面通过几个例子说明如何进行选择结构程序设计。

【例 4-13】求一元二次方程 $ax^2+bx+c=0$ 的根。

一元二次方程根据判别式的值确定根的情况。若判别式大于或等于 0，则方程在实数域内有两个实数根；若判别式小于 0，则方程在实数域内无解，但在虚数域内有两个共轭复数根。

```
#include<math.h>
#include<stdio.h>
int main()
{
```

```
    int a,b,c;
    double d,s1,s2,x1,x2;
    printf("请输入 a,b,c:");
    scanf("%d,%d,%d",&a,&b,&c);
    if(a==0)printf("输入有误，a 不应该为 0");
    d=b*b-4*a*c;
    s1=-b/(2*a);
    s2=sqrt(fabs(d))/(2*a);
    if(d>=0)                    //两个实根
    {     x1=s1+s2;
          x2=s1-s2;
          printf("两个实根:x1=%f,x2=%f",x1,x2);
    }
    else                         //两个虚根
    {
          printf("一个虚根:x1=%f+%fi\n,s1",s2);
          printf("另一个虚根:x2=%f-%fi\n",s1,s2);
    }
    return 0;
}
```

程序运行结果如图 4-19 所示。

图 4-19　例 4-13 程序运行结果

【例 4-14】输入一个年份，要求判定它是否为闰年。判定闰年的条件是：能被 4 整除但不能被 100 整除的是闰年(如 1992)；能被 4 整除又能被 400 整除的是闰年(如 2000)；其他为非闰年(如 2003)。

程序如下：

```
#include<stdio.h>
int main()
{
    int y;
    printf("请输入年份:");
    scanf("%d",&y);
    if(y%4==0&&(y%100!=0||y%400==0))
          printf("%d is a leap year!\n",y);
    else
          printf("%d is not a leap year!\n",y);
    return 0;
}
```

程序运行结果如图 4-20 所示。

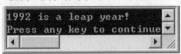  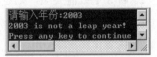

图 4-20　例 4-14 程序运行结果

【例 4-15】简单的算术运算程序。用户输入运算数和四则运算符，之后程序输出计算结果。

```c
#include<stdio.h>
int main()
{
    float a,b;
    char c;
    printf("input expression: a(+,-,*,/)b \n");
    scanf("%f%c%f",&a,&c,&b);
    switch(c)
    {
        case '+': printf("%f\n",a+b);break;
        case '-': printf("%f\n",a-b);break;
        case '*': printf("%f\n",a*b);break;
        case '/': printf("%f\n",a/b);break;
        default: printf("input error\n");
    }
    return 0;
}
```

程序运行结果如图 4-21 所示。本例可用于四则运算求值。switch 语句用于判断运算符，然后输出运算值。当输入运算符不是+、-、*、/时，给出错误提示。

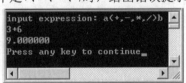

图 4-21　例 4-15 程序运行结果

4.7　习　题

一、选择题

1. 若整型变量 a、b、c、d 中的值依次为 1、4、3、2，则条件表达式 a<b?a:c<d?c:d 的值为（　　）。

A. 1   B. 2

C. 3   D. 4

2. 若 a 是数值类型，则逻辑表达式(a==1)||(a!=1)的值是(   )。

    A. 1   B. 0

    C. 2   D. 不知道 a 的值，不能确定

3. 在 C 语言中，switch 语句后一对圆括号中表达式的类型(   )。

    A. 可以是任何类型   B. 只能是 int 类型

    C. 可以是整型或字符型   D. 只能是整型或实型

4. 若有定义 int a=1,b=2,c=3,d=4,x=5,y=6，则表达式(x=a>b)&&(y=c>b)的值为(   )。

    A. 0   B. 1

    C. 5   D. 6

5. 下列运算符中优先级最低的运算符是(   )。

    A. || B. !=

    C. <=   D. +

6. 设 char c1='a', c2='A';，则表达式 c1==c2+32?c1:(c1=c2+32)的值是(   )。

    A. 1   B. 0

    C. 'a'   D. 'A'

7. 设 int x=1, y=1;，表达式(!x||y--)的值是(   )。

    A. 0   B. 1

    C. 2   D. -1

8. 能正确表示逻辑关系 a≥10 或 a≤0 的 C 语言表达式是(   )。

    A. a>=10 or a<=0   B. a>=0 | a<=10

    C. a>=10&&a<=0   D. a>=10 || a<=0

9. 若希望当 a 的值为奇数时，表达式的值为真，a 的值为偶数时，表达式的值为假，则以下不能满足要求的表达式是(   )。

    A. a%2==1   B. !(a%2==0)

    C. !(a%2)   D. a%2

10. 如果 a=3，b=2，c=1，则下列表达式的值为 0 的是(   )。

    A. a>b   B. (a>b) =c

    C. b+c<a   D. c=a>b

11. 表示关系 12<=x<=y 的 C 语言表达式为(   )。

    A. (12<=x)&(x<=y)   B. (12<=x)&&(x<=y)

    C. (12<=x)|(x<=y)   D. (12<=x)||(x<=y)

12. 为了避免嵌套的 if-else 语句的二义性，C 语言规定 else 总是与(   )组成配对关系。

    A. 缩排位置相同的 if   B. 在其之前未配对的 if

    C. 在其之前未配对的最近的 if   D. 同一行上的 if

二、填空题

1. C 语言中逻辑值真用_____表示。

2. C 语言中逻辑值假用_____表示。

3. 在 C 语言中,当表达式的值为 0 时表示逻辑值假,当表达式的值为_____时表示逻辑值真。

4. C 语言中逻辑运算符优先级由低到高分别是_____。

三、程序分析题

1. 以下程序的功能是什么?

```c
#include < stdio.h >
int main()
{
    char ch;
    scanf("%c",&ch);
    ch=( ch>='A' &&ch<='Z' )?ch+32:ch;
    printf("char=%c\n",ch);
    return 0;
}
```

2. 若 int i=10;,则执行下列程序后,写出变量 i 的正确结果。

```c
switch (i)
{
        case 9:i+=1;
        case 10:i+=1;
        case 11:i+=1;
        default:i+=1;
}
```

四、程序填空题

在下列程序的横线处补上合适的代码,使该程序实现输入三角形的三条边 a、b、c,求三角形的面积。

```c
#include "math.h"
#include "stdio.h"
int main( )
{
    float a,b,c,d,t,s;
    printf("请输入三角形的三条边:");
    scanf("%f,%f,%f",&a,&b,&c);
    if___(1)___
        printf("%f%f%f 不能构成三角形!", a,b,c);
```

```
        else
        {
            t=(a+b+c)/2;
            s=   (2)
            printf("a=%7.2f,b=%7.2f,c=%7.2f,area=%7.2f\n", a,b,c,s);
        }
        return 0;
}
```

第 5 章

循环结构程序设计

人们在使用计算机处理问题时，有时需要对相同的操作多次重复地执行。这种对相同操作可能重复执行多次的问题就需要用循环结构来解决。

5.1 循环结构程序设计概述

循环结构是程序中一种很重要的结构。其特点是，在给定条件满足时，反复执行某程序段，直到条件不满足时为止。给定的条件称为循环条件，反复执行的程序段称为循环体。

1. 实现循环的 3 种语句

C 语言提供了多种循环语句，可以组成各种不同形式的循环结构。

(1) 用 for 语句：属于先判断后执行的当型循环结构。

(2) 用 while 语句：属于先判断后执行的当型循环结构，可以解决任何循环结构的问题，但代码比用 for 语句多。

(3) 用 do-while 语句：属于先执行后判断的当型循环结构，循环体至少被执行一次，比使用 while 语句先判断后执行结构少判断一次。

2. 循环结构程序的 4 个组成部分

(1) 循环初始化部分：为循环做准备。

(2) 循环控制部分：控制循环是否进行。

(3) 循环体部分：重复循环的主体。

(4) 循环修改部分：为下次循环做准备。

在 5.2 节中，将介绍这些实现循环结构程序设计的语句。

5.2 用于实现循环结构程序设计的语句

5.2.1 用 while 语句实现循环结构程序设计

while 语句可以实现所有循环。

1. while 语句的格式

```
while(表达式)
    循环内嵌语句块;
```

其中，表达式是循环控制部分，循环内嵌语句块包含循环体部分和循环修改部分。

2. while 语句的功能

计算表达式的值，当值为真(非 0)时，则重复执行循环内嵌语句块，直到表达式的值为假时结束循环。当第一次判断表达式的值就为假时，则循环内嵌语句块一次也不被执行。其执行过程可用图 5-1 表示。

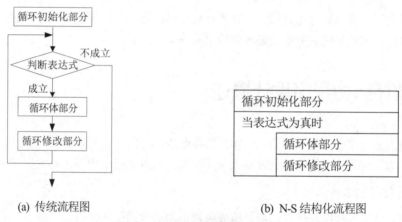

(a) 传统流程图   (b) N-S 结构化流程图

图 5-1   while 语句的执行过程

【例 5-1】用 while 语句求 p=5!。

用 N-S 结构化流程图表示算法，如图 5-2 所示。程序代码如下。

```c
#include<stdio.h>
int main()
{
    int i=1,p=1;       //循环初始化部分
    while(i<=5)        //循环控制部分
    {
        p=p*I;         //循环体部分
        i++;           //循环修改部分
    }
    printf("5!=%d\n",p);
    return 0;
}
```

程序运行结果如图 5-3 所示。

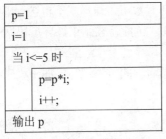

图 5-2　例 5-1 程序流程图

图 5-3　例 5-1 程序运行结果

【例 5-2】用 while 语句求 sum=$\sum\limits_{i=1}^{100} i$ 。

用 N-S 结构化流程图表示算法，如图 5-4 所示。程序代码如下：

```
#include<stdio.h>
int main()
{
    int i=1,sum=0;          //循环初始化部分
    while(i<=100)           //循环控制部分
    {
        sum=sum+i;          //循环体部分
        i++;                //循环修改部分
    }
    printf("%d\n",sum);
    return 0;
}
```

sum 用来存放各个瞬时的累加和。i 的原值为 1，每执行一次循环 i 的值加 1。直到 i>100 时为止，此时不再执行循环。程序运行结果如图 5-5 所示。

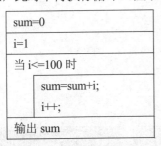

图 5-4　例 5-2 程序流程图

图 5-5　例 5-2 程序运行结果

【例 5-3】给定一个正整数 n(n≥2)，用 while 循环结构判断它是否为素数。

分析如下：循环进行的条件是 i≤k 和 flag=0。因为在 i>k 时，显然不必再去检查 n 是否能被整除。此外，如果 flag=1，就表示 n 已被某个数整除过，肯定是非素数无疑，也不必再检查了。只有 i≤k 和 flag=0 两者同时满足时，才需要继续检查。循环体只有一个判断操作，即判断 n 能否被 i 整除，若不能，则执行 i=i+1，即 i 的值加 1，以便为下一次判断做准备。如果在本次

循环中 n 能被 i 整除，则令 flag=1，表示 n 已被确定为非素数了，这样就不再进行下一次的循环。如果 n 不能被任何一个 i 整除，则 flag 始终保持为 0。因此，在结束循环后根据 flag 的值为 0 或 1，分别输出 n 是素数或非素数的信息。

用 N-S 结构化流程图表示算法，如图 5-6 所示。根据流程图可以编写出如下程序。

```c
#include<math.h>
#include<stdio.h>
int main()
{
    int n,k,i,flag;
    printf("请输入 n:");
    scanf("%d",&n);
    k=sqrt(n);
    i=2;
    flag=0;
    while(i<=k && !flag)
        if(n % i==0)
            flag=1;
        else
            i=i+1;
    if(!flag)
        printf("%d is a prime number.\n",n);
    else
        printf("%d is not a prime number.\n",n);
    return 0;
}
```

当分别输入 17 和 34 时，运行结果如图 5-7 所示。

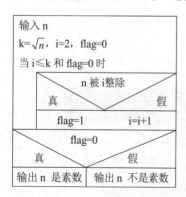

图 5-6　例 5-3 程序流程图

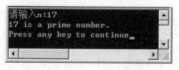 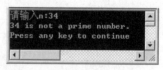

图 5-7　例 5-3 程序运行结果

3. 使用 while 语句的注意事项

(1) while 语句中的表达式通常是逻辑表达式或关系表达式，但也可以是其他表达式，如赋值表达式等，甚至可以是一个变量或是一个常量，只要表达式的值为真(非 0)，即可继续循环。

【例 5-4】 while 语句中的表达式是算术表达式的情况。

程序代码如下：

```
#include<stdio.h>
int main()
{
    int a=0,n;
    printf("\n input n: ");
    scanf("%d",&n);
    while (n--)
        printf("%d ",a++*2);
    return 0;
}
```

程序运行结果如图 5-8 所示。本例程序将执行 n 次循环，每执行一次，n 值减 1。循环体输出表达式 a++*2 的值。该表达式等效于(a*2;a++;)。

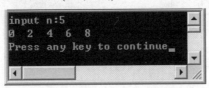

图 5-8　例 5-4 程序运行结果

(2) 循环内嵌语句块若包含一个以上的语句，则必须用{}括起来，组成复合语句。

【例 5-5】 给出两个正整数，求它们的最大公约数。

求最大公约数可以用辗转相除法，也称欧几里得法。

分析如下：以大数 a 作为被除数，小数 b 作为除数，相除后余数为 r。如果 r≠0，则将 b=>a，r=>b，再进行一次相除，得到新的 r。如果 r 仍不等于 0，则重复上面的过程，直到 r=0 为止。此时的 b 就是最大公约数。流程图如图 5-9 所示。

程序如下：

```
#include<stdio.h>
int main()
{
    int a,b,t,r;
    printf("请输入 a,b: ");
    scanf("%d,%d",&a,&b);
    r=a % b;            //循环初始化部分
    while(r)            //循环控制部分
    {
        a=b;            //循环体部分
        b=r;            //循环体部分
        r=a % b;        //循环体部分及循环修改部分
    }
```

```
        printf("h.c.f.=%d\n",b);
        return 0;
}
```

运行时输入 12 和 18，将 18 作为被除数，12 作为除数，相除后余数为 6。再将原来的除数 18 作为被除数，原来的余数 6 作为除数，相除后得到余数为 0。最后一次的除数 6 就是最大公约数。程序运行结果如图 5-10 所示。

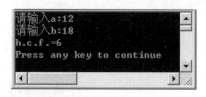

图 5-9　例 5-5 程序流程图　　　　　图 5-10　例 5-5 程序运行结果

5.2.2　用 do-while 语句实现循环结构程序设计

do-while 语句可以实现循环内嵌语句块至少被执行一次的循环。

1. do-while 语句的格式

```
do
        循环内嵌语句块;
while(表达式);
```

2. do-while 语句的功能

先执行循环内嵌语句块，然后再判断表达式是否为真，如果为真，则继续循环；如果为假，则终止循环。因此，do-while 循环至少要执行一次循环内嵌语句块。其执行过程可用图 5-11 表示。

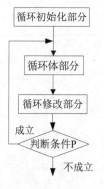

(a) 传统流程图　　　　　　　　　(b) N-S 结构化流程图

图 5-11　do-while 语句的执行过程

【例5-6】求 $1 + \dfrac{1}{2} + \dfrac{1}{3} + \dfrac{1}{4} + \cdots + \dfrac{1}{n}$，直到前后两项之差小于 10^{-3} 为止(后一项不累加)。

分析如下：n 是某一项的分母，例如第 3 项的 n 是 3。term 在开始时是多项式第 1 项的值，先把它加到 s 中。然后 n 的值加 1，term 的值变成 1/2，此时它代表多项式的第 2 项。如果此两项之差大于或等于 10^{-3}，则再执行循环体，把 term 值赋给 term1，然后再累加到 s 中。可以看出，程序中 term1 代表当前要累加的项，term 代表下一项，如果这两项之差未超过 10^{-3}，就将下一项加到 s 中。程序流程图如图 5-12 所示。

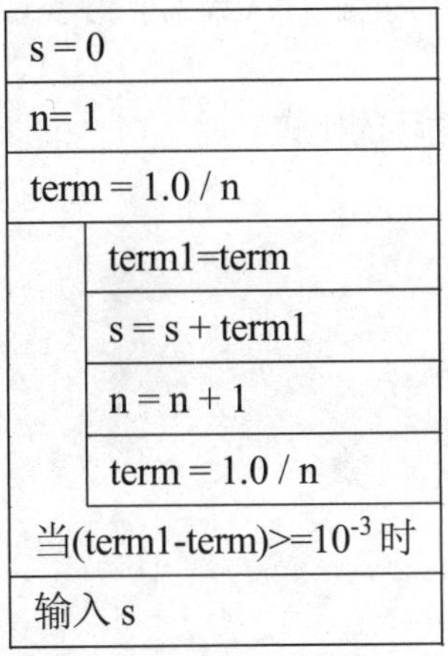

| s = 0 |
| n = 1 |
| term = 1.0 / n |
| 　term1=term |
| 　s = s + term1 |
| 　n = n + 1 |
| 　term = 1.0 / n |
| 当(term1-term)>= 10^{-3} 时 |
| 输入 s |

图 5-12　例 5-6 程序流程图

对于本示例，可编写出以下程序。

```c
#include <stdio.h>
int main()
{
    float s=0,term,term1;
    int n=1;
    term = 1.0 / n;
    do
    {
        term1 = term;
        s = s + term1;
        n = n + 1;
        term = 1.0 / n;
    }
    while(term1-term >= 0.001);
    printf("%f\n",s);
    return 0;
}
```

程序运行结果如图 5-13 所示。

图 5-13　例 5-6 程序运行结果

3. while 和 do-while 循环的比较

while 和 do-while 结构都为当型循环结构，都是当条件成立时执行循环内嵌语句块。不同的是，前者为先判断，循环内嵌语句块的执行次数大于或等于 0；后者为后判断，循环内嵌语句块的执行次数大于或等于 1。

【例 5-7】while 和 do-while 循环的比较。

(1) while 循环

```c
#include<stdio.h>
int main()
{
    int sum=0,i;
    printf("输入 i：");
    scanf("%d",&i);
    while(i<=10)
    {
        sum=sum+i;
        i++;
    }
    printf("sum=%d\n",sum);
    return 0;
}
```

(2) do-while 循环

```c
#include<stdio.h>
int main()
{
    int sum=0,i;
    printf("输入 i：");
    scanf("%d",&i);
    do
    {
        sum=sum+i;
        i++;
    }
    while(i<=10);
    printf("sum=%d\n",sum);
    return 0;
}
```

当键盘输入的 i 值不超过 10 时，两者的运行结果一样，如图 5-14 所示。

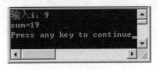

(a) while 循环　　　　　　　　　　　　(b) do-while 循环

图 5-14　例 5-7 程序运行结果(i 的初始值不大于 10)

当键盘输入的 i 值超过 10 时，两者的运行结果不一样，如图 5-15 所示。

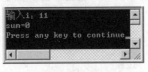

(a) while 循环　　　　　　　　　　　　(b) do-while 循环

图 5-15　例 5-7 程序运行结果(i 的初始值大于 10)

5.2.3　用 for 语句实现循环结构程序设计

for 语句可以更方便地实现所有的循环。

1. for 语句的格式

```
for(表达式 1;表达式 2;表达式 3)
       循环内嵌语句块;
```

2. for 语句的功能

它的执行过程如下，见图 5-16(a)。

(1) 先求解表达式 1。

(2) 求解表达式 2，若其值为真(非 0)，则先执行 for 语句中指定的循环内嵌语句块，然后执行下面第(3)步；若其值为假(0)，则结束循环，转到第(5)步。

(3) 求解表达式 3。

(4) 转回上面第(2)步继续执行。

(5) 循环结束，执行 for 语句后面的一个语句。

3. for 语句的应用形式

for 语句最简单的应用形式也是最容易理解的形式，如下所示：

```
for(循环变量赋初值;循环控制条件;循环变量增量)循环内嵌语句块;
```

循环变量赋初值总是一个赋值语句，它用来给循环控制变量赋初值；循环控制条件是一个关系表达式，它决定什么时候退出循环；循环变量增量，定义循环控制变量每循环一次后按什么方式变化。这三个部分之间用分号隔开。

例如：

```
for(i=a;i<=b;i=i+c)循环内嵌语句块;
```

该语句的执行过程可用图 5-16(b)表示。

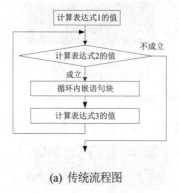
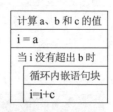

(a) 传统流程图   (b) N-S 结构化流程图

图 5-16　for 语句的执行过程

先给 i 赋初值 a(表达式 1 求值)，然后判断 i 是否小于或等于终值 b(表达式 2 求值)，若是，则执行循环内嵌语句块，之后 i 值增加 c(表达式 3 求值)。再重新判断条件，直到条件为假，即 i>b 时，结束循环。

4. for 语句转换为 while 语句

在 C 语言中，for 语句的使用最为灵活，它完全可以取代 while 语句。对于 for 循环中语句的一般形式，可以用如下 while 循环形式替代：

```
表达式 1;
while(表达式 2)
{
    循环内嵌语句块;
    表达式 3;
}
```

5. 使用 for 语句的注意事项

(1) for 循环中的表达式 1(循环变量赋初值)、表达式 2(循环控制条件)和表达式 3(循环变量增量)都是可选项，即可以省略，但分号不能省略。

(2) 表达式 1 可以是设置循环变量初值的赋值表达式，也可以是其他表达式。例如：

```
for(sum=0;i<=100;i++)sum=sum+i;
```

(3) 表达式 1 和表达式 3 可以是简单表达式，也可以是逗号表达式。例如：

```
for(sum=0,i=1;i<=100;i++)sum=sum+i;
```

或

```
for(i=0,j=100;i<=100;i++,j--)k=i+j;
```

(4) 表达式 2 一般是关系表达式或逻辑表达式，但也可以是数值表达式或常量、变量，只要其值非零，就执行循环体。例如：

```
for(i=0;(c=getchar())!='\n';i+=c);
```

6. for 语句使用举例

【例 5-8】用 for 语句求 s=1+2+3+…+100。

N-S 结构化流程图如图 5-4 所示。程序如下：

```
#include<stdio.h>
int main()
{
    int s=0,i;
    for(i=1;i<=100;i++)
        s=s+i;
    printf("%d\n",s);
    return 0;
}
```

程序要把 1 到 100 各数逐个地加到变量 s 中，共执行 100 次循环，每次加一个数 i，i 由 1 增加到 100。用 for 语句指定循环次数。程序运行结果如图 5-5 所示。

【例 5-9】用 for 语句求 n 的阶乘。

程序流程图如图 5-17 所示。程序如下：

```
#include<stdio.h>
int main()
{
    int i,n,p=1;
    printf("输入 n:");
    scanf("%d",&n);
    for(i=1;i<=n;i++)
        p=p*i;
    printf("%d 的阶乘=%d\n",n,p);
    return 0;
}
```

把 1 到 n 逐个地乘到变量 p 中，共执行 n 次循环，每次乘一个数 i，i 由 1 增加到 n。程序运行结果如图 5-18 所示。

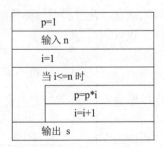

图 5-17 例 5-9 程序流程图

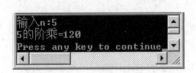

图 5-18 例 5-9 程序运行结果

【例 5-10】猴子吃桃问题。这也是一个有趣的数学问题。

小猴子第一天摘下若干个桃子,当即吃掉一半,还不过瘾,又多吃了一个。第二天早上又将剩下的桃子吃掉一半,又多吃了一个。以后每天早上都吃了前一天剩下的一半多一个。到第 10 天早上猴子想再吃时,发现只剩下一个桃子了。问第一天猴子共摘了多少个桃子。

这是一个递推问题,先从最后一天的桃子推出倒数第二天的桃子,再从倒数第二天的桃子推出倒数第三天的桃子,以此类推。但这种推理法属于倒推,即从最后的结果倒推出原始的状况。

设第 n 天的桃子数为 x_n,已知它是前一天的桃子数 x_{n-1} 的 1/2 再减去 1,即:

$$x_n= x_{n-1}/2-1 \text{ 或 } x_{n-1}=(x_n+1)\times2$$

利用此公式可以从第 n 天的桃子数推出前一天的桃子数。递推的初始条件为 $x_{10}=1$。
据此可写出如下程序:

```c
#include<stdio.h>
int main()
{
    int x=1,n;
    for(n=9;n>=1;n--)
            x=(x+1)*2;
    printf("The number of peaches is:%d\n",x);
    return 0;
}
```

程序运行结果如图 5-19 所示。程序中的变量代表桃子数,它在不同瞬时的值(即当前值)代表不同天的桃子数,x 的初始值为 1,代表第 10 天的桃子数,在执行第一次循环时,计算第 9 天的桃子数,将它赋给 x。在第二次循环时,计算第 8 天的桃子数,再把它赋给 x,以此类推。最后,求出的 x 值就是第一天的桃子数。

图 5-19　例 5-10 程序运行结果

5.2.4　循环的嵌套

在一个循环体内又完整地包含另一个循环,称为循环的嵌套。几种类型的循环可以互相嵌套。例如,可以在一个 for 循环中包含一个 do-while 循环,也可以在一个 while 循环中包含一个 for 循环。内外循环之间不得交叉。

当程序中的控制结构互相嵌套时,其执行流程仍严格按照每个控制结构既定的流程进行。下面通过几个例子来说明循环嵌套的概念和使用。

【例 5-11】打印出乘法九九表。九九表是一个 9 行 9 列的二维表,行和列都要变化,而且在变化中互相约束。程序的流程图如图 5-20 所示。

图 5-20　例 5-11 程序流程图

程序如下：

```
#include<stdio.h>
int main()
{
    int i,j;
    for(i=1;i<=9;i++)
    {
        for(j=1;j<=i;j++)
            printf("%d*%d=%d\t",j,i,i*j);
        printf("\n");
    }
    return 0;
}
```

程序运行结果如图 5-21 所示。

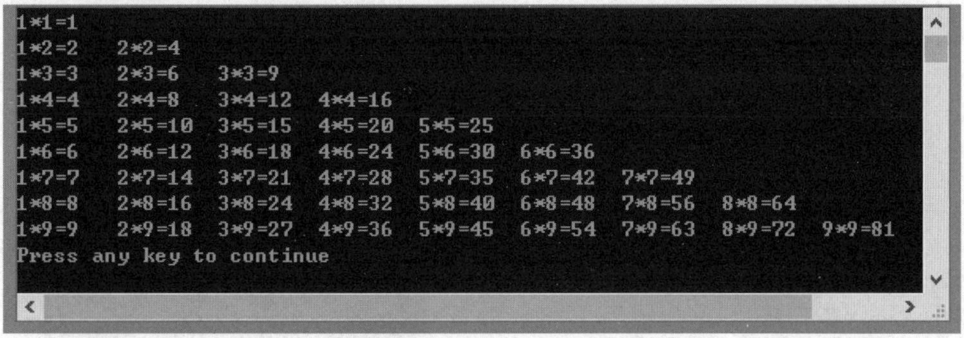

```
1*1=1
1*2=2    2*2=4
1*3=3    2*3=6    3*3=9
1*4=4    2*4=8    3*4=12   4*4=16
1*5=5    2*5=10   3*5=15   4*5=20   5*5=25
1*6=6    2*6=12   3*6=18   4*6=24   5*6=30   6*6=36
1*7=7    2*7=14   3*7=21   4*7=28   5*7=35   6*7=42   7*7=49
1*8=8    2*8=16   3*8=24   4*8=32   5*8=40   6*8=48   7*8=56   8*8=64
1*9=9    2*9=18   3*9=27   4*9=36   5*9=45   6*9=54   7*9=63   8*9=72   9*9=81
Press any key to continue
```

图 5-21　例 5-11 程序运行结果

【例 5-12】找出 100~200 范围内的全部素数。

若要判定 100~200 范围内的各数是否为素数，只需依次对这些数进行测试即可。很容易想到，再加一层循环(使 n 由 100 变到 200)即可。程序流程图见图 5-22。

程序可写为：

```
#include <stdio.h>
#include <math.h>
int main()
{
    int n,i,k,flag,m;
    for(n=101;n<=200;n=n+2)
    {
        k=sqrt(n);
        i=2;
        flag=0;
        while(i<=k&&!flag)
            if(n%i==0)
                flag=1;
```

```
        else
            i=i+1;
    if(!flag)
    {
        printf("%d\t",n);
        m=m+1;
        if(m%5==0) printf("\n");
    }
}
printf("\n");
return 0;
}
```

程序运行结果如图 5-23 所示。

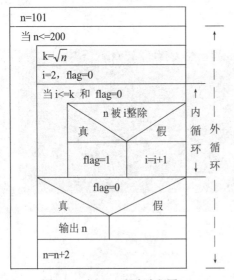

图 5-22　例 5-12 程序流程图

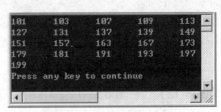

图 5-23　例 5-12 程序运行结果

5.2.5　几种循环语句的比较

3 种循环都可以用来处理同一个问题，一般可以互相代替。用 while 和 do-while 循环时，循环变量初始化的操作应在 while 和 do-while 语句之前完成，而 for 语句可以在表达式 1 中实现循环变量的初始化。对于 while 和 do-while 循环，循环体中应包括使循环趋于结束的语句。for 语句功能最强，所以在实际中应用最广。

5.3　用 break 和 continue 语句提前结束循环

人们总是希望循环能最终结束，而且不希望采用人工强制的方法。C 语言提供了 break 语句和 continue 语句，它们的作用就是结束循环。

5.3.1　break 语句

1. break 语句终止本层循环

当 break 语句用于 do-while、for、while 循环语句时，可使程序终止循环而执行循环后面的语句，即终止本层循环。

【例 5-13】输入一个正整数 n(n≥2)，用 break 语句实现判断它是否是素数。

```c
#include<stdio.h>
#include<math.h>
int main()
{
    int n,i,k;
    printf("请输入正整数:");
    scanf("%d",&n);
    k=(int)(sqrt(n)) ;
    for(i=2;i<=k;i++)
        if(n%i==0)break;
    if(i<=k)
        printf("%d is not a prime number.\n",n);
    else
        printf("%d is a prime number.\n",n);
    return 0;
}
```

程序运行结果如图 5-24 所示。

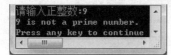 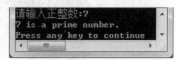

图 5-24　例 5-13 程序运行结果

2. break 语句通常用在循环语句和开关语句中

当 break 用于开关语句 switch 中时，可使程序跳出 switch 而执行 switch 以后的语句；当 break 用于循环语句中时，可使程序跳出循环语句而执行循环语句以后的语句。break 在 switch 中的用法已在前面介绍开关语句的例 4-11 中介绍过，这里不再举例。

3. break 语句在循环语句中的应用

通常，break 语句与 if 语句关联在一起，满足条件时便跳出循环。

4. 使用 break 语句时的注意事项

(1) break 语句对 if-else 的条件语句不起作用。

(2) 在多层循环中，一个 break 语句只向外跳一层。

5.3.2　continue 语句

1. continue 语句结束当次循环

continue 语句的作用是跳过循环体中剩余的语句而强行执行下一次循环,即结束当次循环。continue 语句只用在 for、while、do-while 等循环体中, 常与 if 条件语句一起使用,用来加速循环。

【例5-14】输出 100 以内能被 3 整除且个位数为 6 的所有整数。

```c
#include <stdio.h>
int main()
{
    int i,j;
    for(i=0;i<=9; i++)
    {
        j=i*10+6;
        if(j%3!=0)    continue;
        printf("%d\n",j);
    }
    return 0;
}
```

程序运行结果如图 5-25 所示。

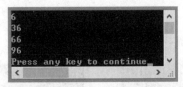

图 5-25　例 5-14 程序运行结果

2. break 语句和 continue 语句的区别

下面以 while 循环中两者的应用为例进行分析。假定两段代码如下:

```
while(表达式 1)
{
    语句 1
    if(表达式 2)break;
    语句 2
}
语句 3
```

```
while(表达式 1)
{
    语句 1
    if(表达式 2)continue;
    语句 2
}
语句 3
```

则 break 语句的执行过程如图 5-26 所示,而 continue 语句的执行过程如图 5-27 所示。

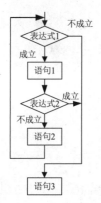

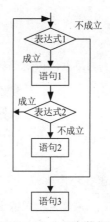

图 5-26　break 语句执行过程　　　　图 5-27　continue 语句执行过程

5.4 循环结构程序设计举例

　　有关循环的算法很多，有许多问题都要用循环来处理。希望通过下面的例子能使读者了解循环的使用技巧，掌握有关的算法。

　　【例 5-15】求水仙花数。

　　水仙花数是指一种三位整数，它各位数字的立方和等于该数本身。编程将所有的水仙花数输出，并输出水仙花数的个数。

　　注意：

　　水仙花数共有 4 个：153、370、371 和 407。

　　程序如下：

```c
#include<stdio.h>
int main()
{
    int i,n=0,a,b,c;
    for(i=100;i<=999;i++)
    {
        a=i/100;                    //得到百位上的数字
        b=(i/10)%10;                //得到十位上的数字
        c=i%10;                     //得到个位上的数字
        if(i==a*a*a+b*b*b+c*c*c)    //判断是否为水仙花数
        {
            n=n+1;                  //记录个数
            printf("%d\t",i);       //显示水仙花数
        }
    }
    printf("\n 个数=%d\n",n);        //显示个数
```

```
        return 0;
}
```

这类方法称为穷举法，也称为列举法。程序运行结果如图 5-28 所示。

图 5-28　例 5-15 程序运行结果

【例 5-16】百钱买百鸡。

每只公鸡值 5 元，每只母鸡值 3 元，鸡雏 3 只值 1 元。用 100 元买 100 只鸡，问公鸡、母鸡、鸡雏分别可买多少只？设公鸡 x 只，母鸡 y 只，鸡雏 z 只，可以列出方程：

$$\begin{cases} x+y+z=100 \\ 5x+3y+z/3=100 \end{cases}$$

由于无法直接用代数方法求解，因此可以用穷举法来解此问题。所谓穷举法，就是将各种组合的可能性全部逐个地测试，检查它们是否符合给定的条件。将符合条件的组合输出即可。

先设 x=0，y=0，则 z=100-x-y=100，再检查这一组的价钱加起来是否为 100 元，因为 0×5+0×3+100/3=33.3333，不等于 100 元，所以这一组不合要求。再看下一组：x 保持为 0，y=1，则 z=100-0-1=99，价钱为 0×5+1×3+99/3=36，也不符合要求。接着做下去，保持 x=0，使 y 由 0 依次变到 100。然后使 x 变成 1，y 再由 0 变到 100，直到 x=100，y 再由 0 变到 100。这样就把全部可能的组合一一测试。据此写出程序：

```
#include<stdio.h>
int main()
{
    int x,y,z;
    printf("公鸡\t 母鸡\t 鸡雏\n");
    for(x=0;x<=100;x++)
        for(y=0;y<=100;y++)
        {
            z=100-x-y;
            if((5*x+3*y+z/3.0)==100)
                printf("%d\t%d\t%d\n",x, y, z);
        }
    return 0;
}
```

程序运行结果如图 5-29 所示。其中有 4 组符合要求，这个程序无疑是正确的，实际上不需要使 x 由 0 变到 100，以及 y 由 0 变到 100。因为公鸡每只 5 元，100 元最多买 20 只公鸡，而如果 100 元全买 20 只公鸡的话，就买不了母鸡和小鸡了，不符合百钱买百鸡的要求。所以公鸡不可能是 20 只，最多只能买 19 只；同理，母鸡一只 3 元，100 元最多只能买 33 只。因此程序可改为：

```
#include<stdio.h>
int main()
{
    int x,y,z;
    printf("公鸡\t 母鸡\t 鸡雏\n");
    for(x=0;x<=19;x++)
        for(y=0;y<=33;y++)
        {
            z=100-x-y;
            if((5*x+3*y+z/3.0)==100)
                printf("%d\t%d\t%d\n",x, y, z);
        }
    return 0;
}
```

程序运行结果如图 5-29 所示，后一个程序的运行时间比前一个程序短得多。运行前一个程序时要执行内循环体(程序中第 4、5 行)共 101×101=10201 次，而后一个程序只执行 20×34=680 次。

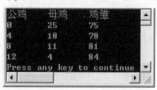

图 5-29　例 5-16 程序运行结果

【例 5-17】使用级数公式求 π 的值。

根据下式，计算圆周率 π 的近似值，当计算到绝对值小于 0.0001 的通项时，认为满足精度要求，停止计算。

$$\frac{\pi}{4} = 1 - \frac{1}{3} + \frac{1}{5} - \frac{1}{7} + \cdots + (-1)^n \frac{1}{2n-1}$$

本例的两个要点如下：
(1) 对于需要进行无限次计算的情况，如何利用给定的精度在适当的时刻结束计算。
(2) 如何使编写的程序代码简单，运行效率高。
代码如下：

```
#include<math.h>
#include<stdio.h>
int main()
{
    int s=1;
```

```
        double n=1.0,t=1,pi=0;
        while(fabs(t)>1e-6)            //测试是否满足精度要求
        {
                pi=pi+t;               //总和加上一个通项
                n=n+2;                 //产生下一个通项分母
                s=-s;                  //轮流转换通项的正负号
                t=s/n;                 //计算通项
        }
        pi=pi*4;
        printf("pi=%lf\n",pi);         //输出计算结果
        return 0;
}
```

程序运行结果如图 5-30 所示。

图 5-30   例 5-17 程序运行结果

5.5 习 题

一、选择题

1. 有以下程序:

```
#include<stdio.h>
int main()
{
    int y=10;
    while(y--);
    printf("y=%d\n",y);
    return 0;
}
```

程序执行后的输出结果是(   )。

    A. y=0   B. y= -1   C. y=1   D. while 构成无限循环

2. 运行下面的程序段，输出结果是(   )。

```
int i;
for(i=0;i<10;i++);
    printf("%d",i);
```

    A. 9   B. 10   C. 8   D. 11

3. 设有程序段:

```
int k=10;
while (k=0) k=k-1;
```

则下面的描述正确的是(　　)。

　A. while 循环执行 10 次　　　　　　　B. 循环是无限循环

　C. 循环体语句一次也不执行　　　　　D. 循环体语句执行一次

4. 关于 break 语句的描述正确的是(　　)。

　A. break 语句只能用于循环体中

　B. break 语句可以一次跳到多个嵌套循环体之外

　C. 在循环结构中可以根据需要使用 break 语句

　D. 在循环结构中必须使用 break 语句

5. C 语言中 while 和 do-while 循环的主要区别是(　　)。

　A. do-while 的循环体至少无条件执行一次

　B. while 的循环控制条件比 do-while 的循环控制条件严格

　C. do-while 允许从外部转到循环体内

　D. do-while 的循环体不能是复合语句

6. 对于整型变量 x,与 while(!x)等价的是(　　)。

　A. while(x!=0)　　　B. while(x==0)　　　C. while(x!=1)　　　D. while(~x)

7. 已知 int i=5;,则下列 do-while 循环的循环次数为(　　)。

```
do
{    printf("%d\n",i--);
     i--;
} while (i!=0);
```

　A. 0　　　　　　　　B. 1　　　　　　　　C. 5　　　　　　　　D. 无限

8. 要求以下程序的功能是计算 s= 1+1/2+1/3+…+1/10:

```
#include<stdio.h>
int main()
{
    int n; float s;
    s=1.0;
    for(n=10;n>1;n--)
        s=s+1/n;
    printf("%6.4f\n",s);
    return 0;
}
```

该程序运行后输出结果错误,导致错误结果的程序行是(　　)。

　A. s=1.0;　　　　　B. for(n=10;n>1;n--)　　C. s=s+1/n;　　D. printf("%6.4f\n",s);

9. 下面关于 for 循环的正确描述是(   )。

    A. for 循环是先执行循环体语句，后判断循环条件

    B. 若 for 循环的循环体中包含多条语句，多条语句必须用括号括起来

    C. for 循环只能用于循环次数已经确定的情况

    D. 在 for 循环中，不能用 break 语句跳出循环体

10. 以下程序的输出结果是(   )。

```c
#include<stdio.h>
int main()
{
    int i;
    for(i=1;i<6;i++)
    {
        if(i%2) {printf("#");continue;}
        printf("*");
    }
    printf("\n");
    return 0;
}
```

    A. #*#*#   B. #####   C. *****   D. *#*#*

二、填空题

1. 若 for 循环用以下形式表示：

```
for(表达式 1;表达式 2;表达式 3) 循环内嵌语句块
```

则执行语句 for(i=0;i<3;i++) printf("*");，表达式 3 执行_____次。

2. 设有如下程序段：

```c
int i=0,sum=1;
do
{
    sum+=i++;
} while(i<2);
printf("%d\n",sum);
```

上述程序的输出结果是_____。

3. 若 int x=5;while(x>0)printf("%d",x--);的循环执行次数为_____。

三、程序分析题

1. 写出以下程序的运行结果。

```c
#include<stdio.h>
```

```
int main()
{
    int x=2;
    while(x--);
    printf("%d",x);
    return 0;
}
```

2. 当执行下面的程序段后，i、j、k 的值分别为_____、_____、_____。

```
int a,b,c,d,i,j,k;
a=10;
b=c=d=5;
i=j=k=0;
for( ;a>b;++b)
    i++;
while(a>++c)
    j++;
do
    k++;
while(a>d++);
```

四、程序填空题

1. 鸡兔共有 30 只，脚共有 90 个，下面的程序段用来计算鸡兔各有多少只，请填空。

```
for(x=1;x<=29;x++)
{
    y=30-x;
    if(_____) printf("%d,%d\n",x,y);
}
```

2. 下面程序的功能是计算 1-3+5-7+···-99+101 的值，请填空。

```
#include <stdio.h>
int main()
{
    int i,t=1,s=0;
    for(i=1;i<=101;i+=2)
    {
        _____;
        s=s+t;
        _____;
    }
    printf("%d\n",s);
```

```
        return 0;
}
```

3. 以下程序用于解决爱因斯坦的阶梯问题，请填空。设有一阶梯，每步跨2阶，最后余1阶；每步跨3阶，最后余2阶；每步跨5阶，最后余4阶；每步跨6阶，最后余5阶；只有每步跨7阶时，正好到阶梯顶。问该阶梯至少有多少阶。

```
#include <stdio.h>
int main()
{
        int a=7;
        while(_____)
                a+= (_____);
        printf("Flight of stairs=%d\n",a);
        return 0;
}
```

4. 以下程序的功能是从键盘上输入若干个学生的成绩，统计并输出最高成绩和最低成绩，当输入负数时结束输入。请填空。

```
#include <stdio.h>
int main()
{
        float x,amax,amin;
        scanf("%f",&x);
        amax=x;amin=x;
        while(_____)
        {
                if(x>amax) amax=x;
                if(_____) amin=x;
                scanf("%f",&x);
        }
        printf("\namax=%f\namin=%f\n",amax,amin);
        return 0;
}
```

五、程序设计题

1. 设 m, n 为正整数，且 m<n，求由 m 到 n 的自然数倒数之和。

2. 请编写一个程序，求序列 2/1+3/2+5/3+8/5+…前 20 项之和。

3. 编写程序，打印出所有的对等数。对等数是指一个三位数，其各位数字的和与各位数字的积相乘等于该数本身。例如，$144=(1+4+4)*(1*4*4)$。

4. 编写程序，解决以下啤酒和饮料问题。啤酒每罐 2.5 元，饮料每罐 2.1 元。小明买了若干啤酒和饮料，一共花了 83.3 元，请问小明买了几罐啤酒和几罐饮料。

第 6 章

数　组

在本章之前，本书所使用的变量都是简单变量，即每个变量用其名称来标识，与其他的变量没有内在的联系。如果所处理的数据个数较少，那么使用简单变量即可。但是，很多实际的应用程序需要处理大批数据，而且这些数据之间具有某种内在的联系。例如，一个班有 50 名学生，要给这 50 名学生输入分数，并求全班高出平均分的人数。用简单变量来处理，需要设 50 个变量，要写出 50 个变量名，然后在求平均分数的表达式中进行 50 项的相加运算，之后再逐个将变量与平均分比较，统计高出平均分的人数，这显然是不可取的。这时可以把一批具有相同属性的数据用一个统一的名称来表示，用下标来区分不同的元素，这就是数组。

6.1　数组的概念

数组是程序设计中最常用的数据结构。在 C 语言中，数组属于构造数据类型。数组中的各个数称为数组元素，一个数组可以分解为多个数组元素，这些数组元素可以是基本数据类型或是构造数据类型。因此，按数组元素的类型不同，数组又可分为数值数组、字符数组、指针型数组、结构体类型数组等多种类别。本章介绍数值数组和字符数组，其余类型的数组将在后面各章中介绍。

只有一个下标的数组，称为一维数组，其数组元素也称为单下标变量。在实际问题中有很多量是二维的或多维的，因此 C 语言允许构造多维数组。多维数组元素有多个下标，以标识它在数组中的位置，所以也称为多下标变量。在 C 语言中，规定下标从 0 开始，用方括号括起来。数组是一组具有相同名称、不同下标的下标变量，用下标来表示顺序号。例如 s[20]，其中，s 是数组的名称，20 是下标，表示顺序号，s[20]是一个数组元素，它代表数组 s 中序号为 20 的那个数据。

二维数组有两个维度，引用元素时要用两个下标，第一维的下标称为行下标，第二维的下标称为列下标，必须用两个下标才能唯一地确定一个数组元素在数组中的位置。例如，下面的二维数组 s 表示 4 个学生的 5 门课成绩：

$$s = \begin{bmatrix} 90 & 85 & 70 & 67 & 92 \\ 89 & 88 & 75 & 70 & 62 \\ 99 & 98 & 78 & 76 & 50 \\ 76 & 70 & 68 & 63 & 58 \end{bmatrix}$$

用第一维的下标代表学生号，用第二维的下标代表课程号。若要表示第 2 个学生第 3 门课的成绩，可写成 s[1][2]，它代表 s 数组第 1 行第 2 列的元素，其值为 75。

6.2 数组的定义

在 C 语言中，为了能在程序中使用数组，必须先定义，这一点与前面介绍过的变量一样，目的是通知计算机为该数组分配一块连续的内存空间，以便存储数组中的数据。数组名是这个区域的名称，区域的每个单元都有自己的地址。

1. 数组定义的格式

(1) 一维数组定义的格式

类型声明符 数组名 [常量表达式 1];

(2) 二维数组定义的格式

类型声明符 数组名 [常量表达式 1] [常量表达式 2];

(3) 多维数组定义的格式

类型声明符 数组名 [常量表达式 1] [常量表达式 2]…;

2. 数组定义的说明

(1) 类型声明符是任何一种基本数据类型、构造数据类型或者指针类型，用于声明数组元素的取值类型。对于同一个数组，其所有元素的数据类型都是相同的。

(2) 数组名是用户定义的数组标识符，遵守标识符的命名规则，但同一作用域内不允许数组与其他标识符同名。例如：

```
int main()
{
    int a;
    float a[10];   //数组名不能与变量同名，是错误的
    ……
    return 0;
}
```

(3) 方括号中的常量表达式 n 表示第 n 维下标的长度，即常量表达式 1 表示第一维下标的长度，常量表达式 2 表示第二维下标的长度等。各维下标均从 0 开始。例如：

int x[5];

声明一维数组 x，它包含 5 个整型元素(下标从 0 算起)，即 x[0]~x[4]。
例如：

char c[10];

声明一维数组 c，它包含 10 个字符型元素，即 c[0]~c[9]。
例如：

int a[2][3];

声明了一个 2 行 3 列的二维数组，数组名为 a，其元素类型为整型。该数组的元素共有 2×3
个，即：

a[0][0] a[0][1] a[0][2]
a[1][0] a[1][1] a[1][2]

例如：

char c[5][10];

声明了一个 5 行 10 列的二维字符型数组 c。

3. 数组元素的存储

数组定义后就为数组中的各元素在内存中分配了一块连续的存储单元，数组名就是这块连
续存储单元的首地址。

一维整型数组 x[5]，它有 5 个元素，则数据在内存中存放的情况如图 6-1 所示。假设数组
从内存地址 2000 开始存放，则第一个元素 x[0]占据地址为 2000~2003 的 4 字节，x[1]占据地址
为 2004~2007 的 4 字节，其他各元素依次顺序存放。整个数组占据的地址为 2000~ 2019，共 20
字节的连续空间。

2000	2004	2008	2012	2016
X[0]	x[1]	x[2]	x[3]	x[4]

图 6-1 一维整型数组的存储

一维字符型数组 c[10]，它有 10 个元素，则数据在内存中存放的情况如图 6-2 所示。假设
数组存储在内存地址 2000~2009 的 10 字节的连续空间中。

2000	2001	2002	2003	2004	2005	2006	2007	2008	2009
c[0]	c[1]	c[2]	c[3]	c[4]	c[5]	c[6]	c[7]	c[8]	c[9]

图 6-2 一维字符型数组的存储

二维数组在概念上是二维的，表示其下标在两个方向上变化，下标变量在数组中的位置也
处于一个平面之中，而不是像一维数组只是一个向量。但是，实际的硬件存储器却是连续编址
的，也就是说存储器单元是按一维线性排列的。在一维存储器中存放二维数组，有两种方式：

一种是按行排列，即放完一行之后顺次放入第二行；另一种是按列排列，即放完一列之后再顺次放入第二列。在 C 语言中，二维数组在内存中是按行存储的，每行按序号由小到大顺序存储，然后各列再按序号由小到大顺序存储。上述语句 int a[2][3];声明二维数组 a[2][3]，在内存中先存放 a[0]行，再存放 a[1]行。每行中的 3 个元素也是依次存放，即存储的顺序依次为 a[0][0]、a[0][1]、a[0][2]、a[1][0]、a[1][1]、a[1][2]，如图 6-3 所示。

2000	2004	2008	2012	2016	2020
a[0][0]	a[0][1]	a[0][2]	a[1][0]	a[1][1]	a[1][2]

图 6-3　二维整型数组的存储

4. 定义数值数组的注意事项

(1) 在定义数组时，不能使用变量、函数或表达式，但可以使用直接常量、符号常量或常量表达式。例如：

```
#define fc 5
int main()
{
    int a[3+2],b[7+fc];      //使用的是符号常数或常量表达式，是合法的
    int n=5;
    int a[n];                //不能在方括号中使用变量，是错误的
    ……
    return 0;
}
```

(2) 允许在同一个类型声明中，声明多个数组和变量。例如：

```
int a,b[10],c[2][5];
```

(3) 数组中的元素必须是同一种类型，不允许在同一数组中同时存放不同类型的数据。既然所有数组元素都属于某一类型，那么这个类型就是整个数组的类型。如果已定义了 a 为一个整型数组，则 a[2]是其中序号为 2 的数据，显然 a[2]也是一个整型数据。

6.3　数组的初始化

数组的初始化赋值是指在数组定义时给数组元素赋初值。数组初始化是在编译阶段进行的。这样将减少运行时间，提高效率。

1. 一维数值数组的初始化

初始化赋值的一般形式为：

```
类型声明符 数组名[常量表达式]={值，值，…，值};
```

其中，在{ }中的各数据值即为各元素的初值，各值之间用逗号分隔。例如：

int a[10]={0,1,2,3,4,5,6,7,8,9};

相当于 a[0]=0、a[1]=1、…、a[9]=9。

C 语言对数组的初始化赋值还有以下几点规定。

(1) 可以只给部分元素赋初值

当{ }中值的个数少于元素个数时，只给前面部分元素赋值，而后面剩余元素由系统自动赋 0 值。例如：

int a[10]={0,1,2,3,4};

表示只给 5 个元素 a[0]~a[4]赋值，而后 5 个元素由系统自动赋 0 值。例如：

char c[10]={'c', ' ', 'p', 'r', 'o', 'g', 'r', 'a', 'm'};

表示只给数组 c 的前 9 个元素 c[0]~c[8]赋值，而 c[9]未赋值，由系统自动赋 0 值。即 ASCII 码为 0 的字符，如图 6-4 所示。

c[0]	c[1]	c[2]	c[3]	c[4]	c[5]	c[6]	c[7]	c[8]	c[9]
'c'	' '	'p'	'r'	'o'	'g'	'r'	'a'	'm'	0 或写成'\0'

图 6-4　字符数组的初始化

(2) 只能给元素逐个赋值，不能给数组整体赋值

例如，给 10 个元素全部赋 1 值，只能写为：

int a[10]={1,1,1,1,1,1,1,1,1,1};

而不能写为：

int a[10]=1;

(3) 如果给全部元素赋值，则在数组定义中，可以不给出数组元素的个数

例如：

int a[5]={1,2,3,4,5};

可写为：

int a[]={1,2,3,4,5};

例如：

char c[]={'c', ' ', 'p', 'r', 'o', 'g', 'r', 'a', 'm'};

这时 c 数组的长度自动定为 9。

2. 二维数值数组的初始化

二维数组的初始化也是在类型声明时给各下标变量赋以初值。

(1) 二维数组可按行分段赋值，也可按行连续赋值。

① 按行分段赋值

```
int a[5][3]={{80,75,92},{61,65,71},{59,63,70},{85,87,90},{76,77,85}};
```

② 按行连续赋值

```
int a[5][3]={80,75,92,61,65,71,59,63,70,85,87,90,76,77,85};
```

这两种赋初值的结果是完全相同的。

(2) 二维数组初始化赋值的注意事项

① 可以只对部分元素赋初值，未赋初值的元素自动取 0 值。例如：

```
int a [3][3]={{0,1},{0,0,2},{3}};
```

赋值后的元素值为：

```
0 1 0
0 0 2
3 0 0
```

② 若对全部元素赋初值，则第一维的长度可以不给出。例如：

```
int a[3][3]={1,2,3,4,5,6,7,8,9};
```

可以写为：

```
int a[][3]={1,2,3,4,5,6,7,8,9};
```

例如：

```
char s[][5]={{'b','a','s','i','c',},{'j','a','v','a','2'}};
```

表示数组 s 为 2 行 5 列的二维字符数组。

③ 二维数组可以看作是由一维数组的嵌套而构成的。设一维数组的每个元素又是一个一维数组，就组成了二维数组。当然，前提是各元素的类型必须相同。根据这样的分析，一个二维数组也可以分解为多个一维数组。C 语言允许这种分解。如二维数组 a[3][4]，可分解为 3 个一维数组，其数组名分别为 a[0]、a[1]、a[2]。对这 3 个一维数组不需要额外的定义即可使用。这3 个一维数组都包含 4 个元素，例如，一维数组 a[0]的元素为 a[0][0]、a[0][1]、a[0][2]、a[0][3]。必须强调的是，a[0]、a[1]、a[2]不能当作下标变量使用，它们是数组名，不是一个单纯的下标变量。

6.4 数组元素的使用

定义数组后，就可以使用数组元素了。数组元素是组成数组的基本单位，也是一种变量。数组元素的地位和作用与简单变量相当，两者都能用来存放数据。凡是简单变量出现的地方，均可使用数组元素(下标变量)。数组元素可以像普通变量一样被赋值、参与表达式计算、作为实参调用函数，也可以使用循环语句对多个元素进行批量操作。

1. 数组元素的表示形式

数组元素的表示形式为数组名后跟下标，下标表示元素在数组中的顺序。数组元素通常也称为下标变量。

(1) 数组元素的表示形式

① 一维数组元素称为单下标变量，其表示形式为：

数组名[下标]

② 二维数组元素也称为双下标变量，其表示形式为：

数组名[下标][下标]

其中，下标只能为整型常量或整型表达式。若为小数，C 编译系统将自动取整。

(2) 使用数组元素时的注意事项

① 下标变量和数组定义在形式上有些相似，但这两者具有完全不同的含义。数组定义的方括号中给出的是某一维的长度；而数组元素中的下标是该元素在数组中的位置标识。

例如：

```
int x[5];        //定义含有 5 个整型数的一维数组 x
x[5]=2;          //给 x 数组下标为 5 的元素赋值
```

再如：

```
int a[2][3];     //定义含有 2 行 3 列的二维整型数组 a
t=a[2][3];       //将 a 数组第 2 行第 3 列的元素值赋给变量 t
```

② 定义时下标只能是常量，使用时下标可以是常量、变量或表达式。例如，a[5]、a[i]、a[i+j] 都是合法的一维数组元素。

③ 使用数组元素时，数组名、类型和维数必须与定义数组时保持一致。

如果定义的是二维数组，引用时必须给出两个下标。例如：

```
int   b[5][5];
x=b[3][2];       //正确
y=b[10];         //引用错误，应给出两个下标
```

④ 使用数组元素时，下标值应该在创建数组时所指定的范围内。即下标不能小于 0，也不能大于或等于数组定义时的下标。如：

```
int   s[30];
t= s[50];        //运行时将出现错误
```

2. 数组元素的赋值

对数值数组不能用赋值语句整体赋值、输入或输出，而必须对数组元素逐个进行操作。

(1) 用赋值语句为单个元素赋值

例如：

```
int a[5];                              //定义整型数组 a
a[0]=1; a[1]=3;a[2]=5;a[3]=7; a[4]=9;  //分别为单个元素赋值
```

(2) 通过循环语句为多个元素赋有规律的值

① 通过单重循环语句为一维数组的多个元素赋值

例如：

```
int a[5];                              //定义整型数组 a
for(i=0; i<5; i++)
    a[i]=2*i+1;
```

② 通过双重循环语句为二维数组的多个元素赋值

例如：

```
int a[3][5];                           //定义整型数组 a
for(i=0;i<3;i++)
    for(j=0;j<5;j++)
        a[i][j]=2*(i-1)+j;
```

(3) 可以在程序执行过程中，对数组进行动态赋值

用循环语句配合 scanf 函数逐个对数组元素赋值。

① 通过单重循环语句为一维数组的多个元素赋值

例如：

```
int a[5];                              //定义整型数组 a
for(i=0; i<5; i++)
    scanf("%d",&a[i]);
```

运行后，将键盘输入的值存入数组 a 的前 5 个元素中。例如：

```
char c[5];                             //定义字符型数组 c
for(i=0; i<5; i++)
    scanf("%c",&c[i]);
```

② 通过双重循环语句为二维数组的多个元素赋值

例如：

```
int a[3][5];                           //定义整型数组 a
for(i=0;i<3;i++)
    for(j=0;j<5;j++)
        scanf("%d",&a[i][j]);
```

3. 数组元素的输出

数组元素的输出可以用 printf 函数来实现。

【例 6-1】数组元素的使用。

```
#include<stdio.h>
int main()
{
    int i,a[5];
    for(i=0;i<5;i++)
        a[i]=2*i+1;
    for(i=4;i>=0;i--)
        printf("%d ",a[i]);
    printf("\n");
    return 0;
}
```

本例中用一个循环语句给 a 数组的各元素赋奇数值，然后用第二个循环语句逆序输出各个奇数。程序运行结果如图 6-5 所示。

图 6-5　例 6-1 程序运行结果

6.5　数值数组元素的常见操作

数组是具有相同类型的一组数据，在内存中连续存储。根据这一特点，下面分别讲解一维数值数组和二维数值数组的常见操作。

6.5.1　一维数组元素的常见操作

下面以一个连贯的程序依次介绍一维数组元素常见的一些操作。

1. 计算数组元素的和与平均值

【例 6-2】求数组元素的平均值。

```
#include<stdio.h>
int main()
{
    int i,s=0,a[10];
    printf("input 10 numbers:\n");
    for(i=0;i<10;i++)
        scanf("%d",&a[i]);
    for(i=0;i<10;i++)
        s=s+a[i];
    printf("所有元素的平均值是：%5.1f\n",s/10.0);
    return 0;
}
```

程序运行结果如图 6-6 所示。

图 6-6　例 6-2 程序运行结果

2. 求数组元素的最大值或最小值

【例 6-3】求数组元素的最大值。

```c
#include<stdio.h>
int main()
{
    int i,max,a[10];
    printf("input 10 numbers:\n");
    for(i=0;i<10;i++)
        scanf("%d",&a[i]);
    max=a[0];
    for(i=1;i<10;i++)
        if(a[i]>max) max=a[i];
    printf("所有元素的最大值是：%d\n",max);
    return 0;
}
```

程序运行结果如图 6-7 所示。

本例中的第一个 for 语句逐个输入 10 个数到数组 a 中。然后把 a[0]送入 max 中。在第二个 for 语句中，从 a[1]到 a[9]逐个与 max 中的数相比较，若比 max 的值大，则把该下标变量送入 max 中，因此 max 总是在已比较过的下标变量中为最大者。比较结束后，输出 max 的值。

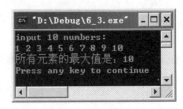

图 6-7　例 6-3 程序运行结果

3. 数组元素的排序

【例 6-4】用冒泡排序法将数组元素按照由小到大的顺序输出。

冒泡排序法的基本思想是：将相邻的两个元素进行比较。第 0 趟：对给定的 N 个元素从头开始，两两比较，即将 a[0]与 a[1] 比较。若 a[0]大于 a[1]，则将两者交换，保证 a[0]小于或等于 a[1]；再将 a[1]与 a[2] 比较，若 a[1]大于 a[2]，则将两者交换，保证 a[1]小于或等于 a[2]，以此类推，最后将 a[N-2]与 a[N-1] 比较，若 a[N-2]大于 a[N-1]，则将两者交换，保证 a[N-2]小于或等于 a[N-1]，这样，就可以使最大的元素存入 a[N-1]中。第 1 趟：对剩余的 N-1 个元素从头开始，两两比较，将第二大的元素存入 a[N-2]中。重复上述过程。第 i 趟：设 k=i，对剩余的 N-i+1 个元素从头开始，两两比较，将第 i 大的元素存入 a[N-i]中。最后，第 N-1 轮：只需 a[0]与 a[1]相比较即可，至此排序完成。

外循环用来控制比较的趟数，循环变量 i 由 0 变到 N-2，表示共进行 N-1 趟比较；内循环用来控制每趟比较的次数，循环变量 pi 由 0 变到 N-i-2，表示每趟进行 N-i-1 次比较。以 N=5 的示例分析过程如图 6-8(a)所示，N-S 结构化流程图如图 6-8(b)所示。

	a[0]	a[1]	a[2]	a[3]	a[4]	
初始时	70	83	100	65	68	N=5
第 0 趟	70	83	65	68	**100**	比较 4 次(N-1-0)
第 1 趟	70	65	68	**83**		比较 3 次(N-1-1)
第 2 趟	65	68	**70**			比较 2 次(N-1-2)
第 3 趟	65	**68**				比较 1 次(N-1-3)
第 i 趟比较 N-1-i 次, pi 从 0 到 N-1-i-1						
N 个元素共比较 N-1 趟, i 从 0 到 N-1-1						

图 6-8(a)　例 6-4 分析过程

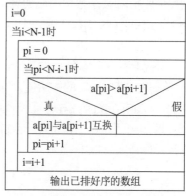

图 6-8(b)　【例 6-4】程序流程图

根据流程图可写出程序：

```c
#include<stdio.h>
#define N 10
int main()
{
    int i,pi,t,a[N];
    printf("input N numbers:\n");
    for(i=0;i<N;i++)
        scanf("%d",&a[i]);
    for(i=0;i<N-1;i++)
        for(pi=0;pi<N-i-1;pi++)
            if(a[pi]>a[pi+1])
            {
                t=a[pi];
                a[pi]=a[pi+1];
                a[pi+1]=t;
            }
    printf("排序结果为:\n");
    for(i=0;i<N;i++)
        printf("%d ",a[i]);
    printf("\n");
    return 0;
}
```

程序运行结果如图 6-9 所示。

图 6-9　例 6-4 程序运行结果

【例6-5】用选择排序法将数组元素按由大到小的顺序打印出来。

选择排序法的基本思想是：先将指针 k 指向 0，将 a[k]依次与 a[1]、a[2]直至 a[N-1]进行比较，使 k 指向 N 个数中的最大者，然后将 a[k]与 a[0]互换；重复上述过程；第 i 次，设 k=i，将 a[k]与 a[i+1]~a[N-1]都比较完毕后，将 a[k]与 a[i+1]~a[N-1]中值最大的那个元素互换；最后，第 N-1 次，k=N-2，只需与 a[N-1]比较即可，至此排序完成。

外循环用来控制比较的趟数，循环变量 i 由 0 变为 N-2，表示共进行 N-1 趟比较。k=i 意思是指在第 0 趟中使 k 的初始值为 0，在第 1 趟中使 k 的值为 1，依次比较，在比较完每趟后，都使 a[k]与 a[i]互换(当 k≠i 时互换，理由如前所述)。

以 N=5 为例，示例的分析过程如图 6-10(a)所示，N-S 结构化流程图如图 6-10(b)所示。根据流程图可写出以下程序：

	a[0]	a[1]	a[2]	a[3]	a[4]	
初始时	70	83	100	65	68	N=5
第 0 趟	**100**	83	70	65	68	比较 4 次(N-1-0)
第 1 趟		**83**	70	65	68	比较 3 次(N-1-1)
第 2 趟			**70**	65	68	比较 2 次(N-1-2)
第 3 趟				**68**	65	比较 1 次(N-1-3)
第 i 趟比较 N-1-i 次，j 从 i+1 到 N-1						
N 个元素共比较 N-1 趟，i 从 0 到 N-1-1						

图 6-10(a) 例 6-5 分析过程

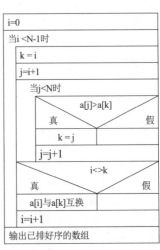

图 6-10(b) 例 6-5 程序流程图

```c
#include<stdio.h>
#define N 10
int main()
{
    int i,j,k,t,a[N];
    printf("input N numbers:\n");
    for(i=0;i<N;i++)
        scanf("%d",&a[i]);
    for(i=0;i<N-1;i++)
    {
        k=i;
        for(j=i+1;j<N;j++)
            if(a[j]>a[k]) k=j;
        if(i!=k)
        {
            t=a[i];
            a[i]=a[k];
            a[k]=t;
```

```
        }
    }
    for(i=0;i<N;i++)
        printf("%d ",a[i]);
    printf("\n");
    return 0;
}
```

程序运行结果如图 6-11 所示。

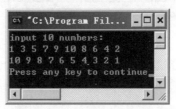

图 6-11　例 6-5 程序运行结果

本例中使用了两个并列的 for 循环语句，在第二个 for 语句中又嵌套了一个循环语句。第一个 for 语句用于输入 10 个元素的初值，第二个 for 语句用于排序，本程序的排序采用逐个比较的方法进行。在第 i 次循环时，把第一个元素的下标 i 赋予 k，然后进入小循环，从 a[i+1]起到最后一个元素止逐个与 a[k]进行比较，有比 a[k]大者则将其下标送入 k。一次循环结束后，k 即为最大元素的下标，若此时 i≠k，说明 k 值已不是进入小循环之前所赋之值，则交换 a[i]和 a[k]的值。此时，a[i]为已排序完毕的元素，输出该值之后转入下一次循环，对 i+1 之后的各个元素排序。

可以看到，用选择法对 n 个数排序时，交换数据的操作最多只进行 n-1 次。

4. 数组元素的查找

【例 6-6】查找数组元素的最大值及其所在位置。

```
#include<stdio.h>
int main()
{
    int i,s,pi,a[10];
    printf("input 10 numbers:\n");
    for(i=0;i<10;i++)
        scanf("%d",&a[i]);
    s=a[0];
    pi=0;
    for(i=1;i<10;i++)
        if(a[i]>s)
        {
            s=a[i];
            pi=i;
        }
```

```
        printf("值最大的元素是：%d,位置是：第%d 个数\n",s,pi+1);
        return 0;
}
```

程序运行结果如图 6-12 所示。

图 6-12　例 6-6 程序运行结果

【例 6-7】在数组中顺序查找值为 x 的元素，若找到则输出所在的位置。

```
#include<stdio.h>
int main()
{
        int i,x,a[10];
        printf("input 10 numbers:\n");
        for(i=0;i<10;i++)
                scanf("%d",&a[i]);
        printf("输入待查找的数:");
        scanf("%d",&x);
        for(i=0;i<10;i++)
            if(x==a[i])
            {
                    printf("查找成功，%d 在数组中的位置是：%d\n", x,i+1);
                    break;
            }
        if(i>=10) printf("查找失败，%d 不在数组中\n", x);
        return 0;
}
```

程序运行结果如图 6-13 所示。

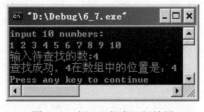

图 6-13　例 6-7 程序运行结果

思考：

若要查找的数在数组中有多个，如何修改程序才能显示这些数在数组中的全部位置？

【例 6-8】在升序数组中折半查找值为 x 的元素，若找到则输出其所在的位置。

折半查找法比顺序查找法效率更高一些。

折半查找的思想是：假设数组是递增的，并且被查找的数一定在数组中。先拿被查找数与数组中间的元素进行比较，如果被查找数大于元素值，则说明被查找数位于数组中的后面一半元素中。如果被查找数小于数组中间元素的值，则说明被查找数位于数组中的前面一半元素中。

接下来，只考虑数组中包括被查找数的那一半元素。拿剩下这些元素的中间元素与被查找数进行比较，然后根据两者的大小，再去掉那些不可能包含被查找值的一半元素。这样，不断地缩小查找范围，直到最后只剩下一个数组元素，那么这个元素就是被查找的元素。当然，也不排除某次比较时，中间的元素正好是被查找元素。查找成功的分析过程如图 6-14(a)所示，查找失败的分析过程如图 6-14(b)所示。程序的代码如下：

查找 x=3 的过程										
	a[0]	a[1]	a[2]	a[3]	a[4]	a[5]	a[6]	a[7]	a[8]	a[9]
初始时	1	2	3	4	5	6	7	8	9	10
第1次	[l				m					h]
第2次	[l	m		h]						
第3次			[lm	h]						

图 6-14(a)　例 6-8 查找成功的分析过程

查找 x=11 的过程											
	a[0]	a[1]	a[2]	a[3]	a[4]	a[5]	a[6]	a[7]	a[8]	a[9]	
初始时	1	2	3	4	5	6	7	8	9	10	
第1次	[l				m					h]	
第2次						[l		m		h]	
第3次									[lm	h]	
第4次										[lmh]	
第5次										h]	[l

图 6-14(b)　例 6-8 查找失败的分析过程

```c
#include<stdio.h>
int main()
{
    int i,x,l,h,m,a[10];
    printf("输入 10 个升序的数:\n");
    for(i=0;i<10;i++)
        scanf("%d",&a[i]);
    printf("输入待查找的数:");
    scanf("%d",&x);
    l=0;
    h=9;
```

```
    do
    {
        m=(l+h)/2;
        if(x==a[m])
        {
            printf("查找成功，%d 在数组中的位置是：%d\n",x,m+1);
            break;
        }
        else if(x>a[m])    //保证原数组升序排列
            l=m+1;
        else
            h=m-1;
    }while(l<=h);
    if(l>h) printf("查找失败，%d 不在数组中\n", x);
    return 0;
}
```

程序运行结果如图 6-14(c)所示。

图 6-14(c)　例 6-8 程序运行结果

5. 数组元素的插入

【例 6-9】将数据 s 插入升序数组，保证插入后数组仍然为升序。

为了把一个数按大小插入已排好序的数组中，应首先确定排序是从大到小还是从小到大进行的。设排序是从小到大进行的，则可把欲插入的数与数组中的各数逐个比较，当找到第一个比插入数大的元素 i 时，该元素之前即为插入位置。然后从数组最后一个元素开始到该元素为止，逐个后移一个单元(即从后开始向后移动)。最后把插入数赋给元素 i 即可。如果被插入数比所有的元素值都大，则插入最后位置。

```
#include<stdio.h>
int main()
{
    int i,j,x,a[11];
    printf("输入 10 个升序的数:\n");
    for(i=0;i<10;i++)
        scanf("%d",&a[i]);
    printf("输入待插入的数:");
    scanf("%d",&x);
    i=9;
```

```
    while(x<a[i])
    {
            a[i+1]=a[i];
            i--;
    }
    a[i+1]=x;
    for(i=0;i<=10;i++)
        printf("%d ",a[i]);
    printf("\n");
    return 0;
}
```

　　程序运行结果如图 6-15(a)所示。本程序首先保证数组 a 中的 10 个数按从小到大排序，然后输入要插入的整数 x。再用一个 for 语句把 x 和数组的各个元素逐个比较，如果发现有 x<a[i]，则由一个内循环把 i 以下的各元素值顺次后移一个单元。后移应从后向前进行(从 a[9]开始到 a[i]为止)。后移结束后跳出外循环。插入点为 i，把 x 赋给 a[i]即可。若所有的元素均大于被插入数，则并未进行过后移工作，此时 i=10，结果是把 s 赋予 a[10]。最后一个循环输出插入数后的数组各元素的值。分析过程如图 6-15(b)所示。

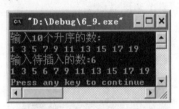

图 6-15(a)　例 6-9 程序运行结果

插入 x=12 的过程										
	a[0]	a[1]	a[2]	a[3]	a[4]	a[5]	a[6]	a[7]	a[8]	a[9]	a[10]
初始时	1	3	5	7	9	11	13	15	17	19	
第 1 次	1	3	5	7	9	11	13	15	17		**19**
第 2 次	1	3	5	7	9	11	13	15		**17**	**19**
第 3 次	1	3	5	7	9	11	13		**15**	**17**	**19**
第 4 次	1	3	5	7	9	11		**13**	**15**	**17**	**19**
插入	1	3	5	7	9	11	**12**	**13**	**15**	**17**	**19**

图 6-15(b)　例 6-9 分析过程

【例 6-10】将数据 s 插入无序数组的第 pi 个位置上。

```
#include<stdio.h>
#include<stdlib.h>
int main()
{
```

```
    int i,x,pi,a[11];
    printf("input 10 numbers:\n");
    for(i=0;i<10;i++)
        scanf("%d",&a[i]);
    printf("输入待插入的数,插入位置:");
    scanf("%d,%d",&x,&pi);
    if(pi<1||pi>11)
    {
        printf("插入位置有误\n");
        exit(0);
    }
    for(i=9;i>=pi-1;i--)
        a[i+1]=a[i];
    a[pi-1]=x;
    for(i=0;i<=10;i++)
        printf("%d ", a[i]);
    printf("\n");
    return 0;
}
```

程序运行结果如图6-16所示。

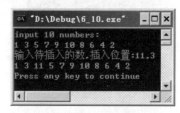

图6-16 例6-10程序运行结果

6. 数组元素的删除

【例6-11】删除无序数组中第 pi 个位置上的数组元素。

方法是将从 pi+1 到最后位置上的所有元素从前面开始向前移动。

```
#include<stdio.h>
#include<stdlib.h>
int main()
{
    int i,pi,a[10];
    printf("input 10 numbers:\n");
    for(i=0;i<10;i++)
        scanf("%d",&a[i]);
    printf("输入待删除元素的位置:");
    scanf("%d",&pi);
    if(pi<1||pi>10)
```

```
    {
        printf("删除位置有误\n");
        exit(0);
    }
    for(i=pi;i<10;i++)
        a[i-1]=a[i];
    for(i=0;i<9;i++)
        printf("%d ", a[i]);
    printf("\n");
    return 0;
}
```

程序运行结果如图 6-17 所示。

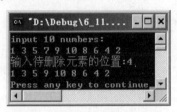

图 6-17　例 6-11 程序运行结果

【例 6-12】删除无序数组中值为 x 的数组元素。

不考虑有多个值为 x 的元素的代码如下：

```
#include<stdio.h>
#include<stdlib.h>
int main()
{
    int i,pi,x,a[10];
    printf("input 10 numbers:\n");
    for(i=0;i<10;i++)
        scanf("%d",&a[i]);
    printf("输入待删除的数:");
    scanf("%d",&x);
    for(i=0;i<10;i++)
        if(x==a[i])
        {
            for(pi=i+1;pi<10;pi++)
                a[pi-1]=a[pi];
            break;
        }
    if(i>=10)
    {
        printf("未找到待删除的元素%d\n",x);
        exit(0);
    }
```

```
        for(i=0;i<9;i++)
            printf("%d ",a[i]);
        printf("\n");
        return 0;
}
```

程序运行结果如图 6-18(a)所示。

考虑有多个值为 x 的元素的代码如下：

```
#include<stdio.h>
#include<stdlib.h>
int main()
{
        int i,pi,x,a[10],n=0;
        printf("input 10 numbers:\n");
        for(i=0;i<10;i++)
            scanf("%d",&a[i]);
        printf("输入待删除的数:");
        scanf("%d",&x);
        for(i=0;i<10;i++)
            if(x==a[i])
            {
                for(pi=i+1;pi<10;pi++)
                    a[pi-1]=a[pi];
                n++;
                i--;
            }
        if(n==0)
        {
            printf("未找到待删除的元素%d\n",x);
            exit(0);
        }
        for(i=0;i<10-n;i++)
            printf("%d ",a[i]);
        printf("\n");
        return 0;
}
```

程序运行结果如图 6-18(b)所示。

图 6-18(a)　删除不重复元素

图 6-18(b)　删除重复元素

7. 数组元素的逆序存储

6.4 节中的例 6-1 是将无序数组按照相反顺序输出的例子(不借助任何额外的空间)。下面列举两个逆序存储的例子。

【例 6-13】将无序数组按照相反的顺序输出(只可借助另外一个单元)。

```c
#include<stdio.h>
#define N 10
int main()
{
    int i,t,a[N];
    printf("input N numbers:\n");
    for(i=0;i<N;i++)
        scanf("%d",&a[i]);
    for(i=0;i<N/2;i++)
    {
        t=a[N-1-i];
        a[N-1-i]= a[i];
        a[i]=t;
    }
    printf("output N numbers:\n");
    for(i=0;i<N;i++)
        printf("%d ",a[i]);
    printf("\n");
    return 0;
}
```

程序运行结果如图 6-19 所示。

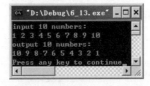

图 6-19　例 6-13 程序运行结果

【例 6-14】将无序数组按照相反的顺序输出(可借助另外一个数组)。

```c
#include<stdio.h>
int main()
{
    int i,t,a[10],b[10];
    printf("input 10 numbers:\n");
    for(i=0;i<10;i++)
        scanf("%d",&a[i]);
    printf("output 10 numbers:\n");
    for(i=0;i<10;i++)
    {
```

```
        b[i]=a[9-i];
        printf("%d ",b[i]);
    }
    printf("\n");
    return 0;
}
```

程序运行结果如图 6-20 所示。

图 6-20　例 6-14 程序运行结果

6.5.2　二维数组元素的常见操作

1. 查找

【例 6-15】有一个 n×m 的矩阵，要求找出其中值最大的那个元素所在的行号和列号，以及该元素之值。设该矩阵为：

$$t = \begin{vmatrix} 8 & 10 & 25 & 8 \\ 0 & 19 & 70 & 31 \\ 18 & 5 & 3 & 65 \end{vmatrix}$$

本例的流程图如图 6-21 所示。输入 n，m 和 n×m 矩阵中各元素之值；先将 t[0][0] 的值赋给 max 变量；将 max 与各元素的值相比较，如果有某一个 t[i][j]>max，则将此 t[i][j] 赋给 max，同时将此时的行号 i 和列号 j 的值记下来分别赋给变量 row(行号)和 column(列号)；最后，输出矩阵的各元素和 max、row、column 的值。

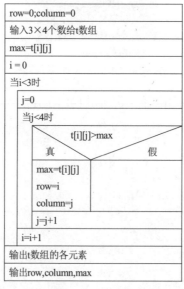

图 6-21　例 6-15 程序流程图

程序的编写如下：

```
#include<stdio.h>
int main()
{
    int i,j,row=0,column=0,max,t[3][4];
    printf("请输入 3 行 4 列数组元素:\n");
    for(i=0;i<3;i++)
        for(j=0;j<4;j++)
            scanf("%d",&t[i][j]);
    max=t[0][0];
    for(i=0;i<3;i++)
        for(j=0;j<4;j++)
            if(t[i][j]>max)
            {
                max=t[i][j];
                row=i;
                column=j;
            }
    printf("The martrix is:\n");
    for(i=0;i<3;i++)
    {
        for(j=0;j<4;j++)
            printf("%d\t",t[i][j]);
        printf("\n");
    }
    printf("The largest number is:t[%d,%d]=%d\n",row,column,max);
    return 0;
}
```

输入一个 3×4 的矩阵，按以下顺序输入数据：8,10,25,8,0,19,70,31,18,5,3,65。由这些数据可知，值最大的元素为 70，它在第 1 行第 2 列位置上(行和列数均从 0 开始算)。请读者对照输出的结果仔细分析 printf 语句的输出内容及输出格式。程序运行结果如图 6-22 所示。

图 6-22　例 6-15 程序运行结果

2. 计算

【例 6-16】计算 n×m 的矩阵的所有元素的平均值。

```
#include<stdio.h>
int main()
{
    int i,j,s=0,t[3][4];
    printf("请输入 3 行 4 列数组元素:\n");
    for(i=0;i<3;i++)
        for(j=0;j<4;j++)
        {
            scanf("%d",&t[i][j]);
            s=s+t[i][j];
        }
    printf("The martrix is:\n");
    for(i=0;i<3;i++)
    {
        for(j=0;j<4;j++)
            printf("%d\t",t[i][j]);
        printf("\n");
    }
    printf("所有元素的平均值是：%5.1f\n",s/12.0);
    return 0;
}
```

程序运行结果如图 6-23 所示。

图 6-23　例 6-16 程序运行结果

【例 6-17】计算 m×m 方阵的对角线上所有元素的和。本例涉及的是方阵(即 N=M，M 称为阶数)。

```
#include<stdio.h>
int main()
{
    int i,j,s=0,t[3][3];
    printf("请输入 3 行 3 列数组元素:\n");
    for(i=0;i<3;i++)
        for(j=0;j<3;j++)
        {
            scanf("%d",&t[i][j]);
            if(i==j||i+j==2)
```

```
            s=s+t[i][j];
        }
    printf("The martrix is:\n");
    for(i=0;i<3;i++)
    {
        for(j=0;j<3;j++)
            printf("%d\t",t[i][j]);
        printf("\n");
    }
    printf("对角线上元素之和是：%d\n",s);
    return 0;
}
```

主对角线上元素满足的条件是 i==j，次对角线上元素满足的条件是 i+j==2，程序运行结果如图 6-24 所示。

图 6-24　例 6-17 程序运行结果

3. 转置

【例 6-18】矩阵转置(借助另外一个数组)。矩阵是由 N 行 M 列数值组成的特殊数据形式，矩阵的转置是指行列数据交换(即沿对角线反转，即将一个矩阵的行和列互换)。

例如，a 矩阵为：

$$a = \begin{bmatrix} 1 & 2 & 3 \\ 4 & 5 & 6 \end{bmatrix}$$

转置后的矩阵为 b：

$$b = \begin{bmatrix} 1 & 4 \\ 2 & 5 \\ 3 & 6 \end{bmatrix}$$

算法很简单：将 a 数组第 i 行第 j 列的元素赋予 b 数组的第 j 行第 i 列即可。
程序如下：

```
#include<stdio.h>
int main()
{
    int i,j,a[2][3],b[3][2];
    printf("请输入 2 行 3 列数组元素:\n");
```

```
        for(i=0;i<2;i++)
            for(j=0;j<3;j++)
            {
                scanf("%d",&a[i][j]);
                b[j][i]=a[i][j];
            }
        printf("The a martrix is:\n");
        for(i=0;i<2;i++)
        {
            for(j=0;j<3;j++)
                printf("%d\t",a[i][j]);
            printf("\n");
        }
        printf("The b martrix is:\n");
        for(i=0;i<3;i++)
        {
            for(j=0;j<2;j++)
                printf("%d\t",b[i][j]);
            printf("\n");
        }
        return 0;
}
```

注意:

a 数组是 2 行 3 列，b 数组为 3 行 2 列。

程序运行结果如图 6-25 所示。

图 6-25　例 6-18 程序运行结果

【例 6-19】矩阵转置。将一个 n×m 矩阵的行和列互换(借助另外一个单元)，程序如下：

```
#include<stdio.h>
int main()
{
    int i,j,t,a[3][3];
    printf("请输入 2 行 3 列数组元素:\n");
```

```
    for(i=0;i<2;i++)
        for(j=0;j<3;j++)
            scanf("%d",&a[i][j]);
    printf("源数组:\n");
    for(i=0;i<2;i++)
    {
        for(j=0;j<3;j++)
            printf("%d\t",a[i][j]);
        printf("\n");
    }
    for(i=0;i<2;i++)
        for(j=i;j<=3-i;j++)
        {
            t=a[i][j];
            a[i][j]=a[j][i];
            a[j][i]=t;
        }
    printf("转置数组:\n");
    for(i=0;i<3;i++)
    {
        for(j=0;j<2;j++)
            printf("%d\t",a[i][j]);
        printf("\n");
    }
    return 0;
}
```

注意:

一对元素只能互换一次。

程序运行结果如图 6-26 所示。

图 6-26　例 6-19 程序运行结果

6.6 数值数组的应用举例

为了加深对数组的理解，下面结合一些常用算法来更深入地学习如何使用数组。

6.6.1 一维数组程序举例

【例6-20】斐波那契(Fibonacci)数列(第1、2个数是1，从第3个数起，该数是其前面两个数之和)。

分析：如果不知道前面两个数就推不出第3个数。只有知道第2、3个数才能推出第4个数。这种算法称为递推，即从前面的结果推出后面的结果。解决递推问题必须具备两个条件——初始条件和递推公式。

在本题中，初始条件为f[0]=f[1]=1，递推公式为f[n]=f[n-1]+f[n-2]，合起来可以表示为：

$$f[n]=\begin{cases} 1 & (\text{当}\ 0{\leqslant}n{\leqslant}1) \\ f[n]=f[n-1]+f[n-2] & (\text{当}\ n>1) \end{cases}$$

程序如下：

```c
#include<stdio.h>
int main()
{
    int i,f[20];
    f[0]=f[1]=1;
    for(i=2;i<20;i++)
        f[i]=f[i-1]+f[i-2];
    printf("output 20 numbers:\n");
    for(i=0;i<20;i++)
        printf("%d ",f[i]);
    printf("\n");
    return 0;
}
```

程序运行结果如图6-27所示。

图6-27 例6-20程序运行结果

【例6-21】输入n个学生的学号和成绩，要求输出平均成绩和高于平均分的学生的学号和成绩。

由于要处理的对象是n个学生的学号和n个学生的成绩。因此要设立两个数组：一个是学号数组num，一个是成绩数组score。第一个学生的学号为num[0]，第一个学生的成绩为score[0]，其余类推。可编写如下程序：

```
#include<stdio.h>
int main()
{
    int i,sum=0,num[5],score[5];
    float aver;
    for(i=0;i<5;i++)
    {
        printf("请输入第%d 个学生学号:",i+1);
        scanf("%d",&num[i]);
        printf("请输入第%d 个学生成绩:",i+1);
        scanf("%d",&score[i]);
        sum=sum+score[i];
    }
    aver=sum/5.0;
    printf("aver =%5.1f\n", aver);
    printf("The score of these students are greater than average:\n");
    printf("num,score\n");
    for(i=0;i<5;i++)
        if(score[i]>aver)
            printf("%d,%d\n",num[i],score[i]);
    return 0;
}
```

　　程序运行结果如图 6-28 所示。本程序的重点在于找出两个数组之间的内在联系。从表面上看，两个数组是互相独立互不相干的。但应注意到，同一个学生的学号和成绩分别存放在两个不同的数组中，也就是说，两个数组中下标相同的数组元素是同一个学生的成绩。

　　程序下半段的作用是将 score[0]到 score[4]逐个与已求出的平均分 aver 相比较，只要发现一个 score[i]大于 aver，就将此学生的学号(即 num[i])和成绩 score[i]一起输出。

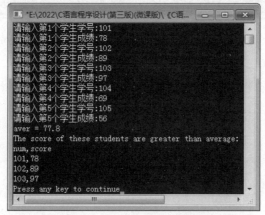

图 6-28　例 6-21 程序运行结果

【例6-22】已知20名学生的某门课的成绩，编程统计各分数段的人数。

```c
#include<stdio.h>
int main()
{
    int i,j,score[20],b[11]={0};
    printf("请输入20个学生成绩:");
    for(i=0;i<20;i++)
    {
        scanf("%d",&score[i]);
        j=score[i]/10;
        b[j]++;
    }
    printf("不及格人数为：%d\n",b[0]+b[1]+b[2]+b[3]+b[4]+b[5]);
    printf("60～69的人数为：%d\n",b[6]);
    printf("70～79的人数为：%d\n",b[7]);
    printf("80～89的人数为：%d\n",b[8]);
    printf("90～99的人数为：%d\n",b[9]);
    printf("100的人数为：%d\n",b[10]);
    return 0;
}
```

将分数除以10，即score[i]/10，目的是使用分数的十位上的数字作为b数组的下标来统计对应分数段的个数，如将60~69的分数用b[6]来统计个数。程序运行结果如图6-29所示。

图6-29　例6-22程序运行结果

【例6-23】输出杨辉三角形。

杨辉三角形的两侧全部是1，中间的每个数是其左上方和右上方两个数之和。

```c
#include<stdio.h>
int main()
{
    int i,j,a[7][7]={{1},{1},{1},{1},{1},{1},{1}};
    for(i=1;i<7;i++)
    {
        for(j=1;j<=i;j++)
        {
            if(i==j)
```

```
                a[i][j]=1;
            else
                a[i][j]=a[i-1][j-1]+a[i-1][j];
        }
    }
    for(i=0;i<7;i++)
    {
        for(j=1;j<=12-2*i;j++)
            printf(" ");
        for(j=0;j<=i;j++)
            printf("%4d",a[i][j]);
        printf("\n");
    }
    return 0;
}
```

程序运行结果如图 6-30 所示。

图 6-30　例 6-23 程序运行结果

【例 6-24】一个学习小组有 4 个人，每个人有 3 门课的考试成绩。求全组分科的平均成绩和三科的总平均成绩。

可设一个二维数组 a[4][3] 存放 4 名学生 3 门课的成绩。再设一个一维数组 v[3] 存放所求得各门课程的平均成绩，设变量 average 为所有学生所有科的总平均成绩。编程如下：

```
#include<stdio.h>
int main()
{
    int i,j,s=0,average,v[3],a[4][3];
    for(i=0;i<4;i++)
    {
        printf("输入%d 个学生 3 门课的成绩：\n",i+1);
        for(j=0;j<3;j++)
            scanf("%d",&a[i][j]);
    }
    for(j=0;j<3;j++)
    {
        for(i=0;i<4;i++)
```

```
        s=s+a[i][j];
    v[j]=s/4;
    s=0;
    }
    average=(v[0]+v[1]+v[2])/3;
    printf("第一科平均分:%d\n 第二科平均分:%d\n 第三科平均分:%d\n",v[0],v[1],v[2]);
    printf("三科总平均分:%d\n",average);
    return 0;
}
```

程序运行结果如图 6-31 所示。程序中使用了两个双重循环。在第一个双重循环的内循环中依次读入某个学生的各门课程的成绩,在第二个双重循环的内循环中依次输出某门课程的各个学生成绩,并把每门课程所有学生的成绩累加起来,退出内循环后再把该累加成绩除以 4 送入 v[i]中,这就是该门课程的平均成绩。第二个外循环共循环 3 次,分别求出 3 门课的平均成绩并存放在 v 数组中。退出第二个外循环后,把 v[0]、v[1]、v[2]相加除以 3 得到各科的总平均成绩。最后按题意输出各个平均成绩。

图 6-31　例 6-24 程序运行结果

6.6.2　二维数组程序举例

【例 6-25】在二维数组 a 中选出各行最大的元素组成一个一维数组 b。

$$a = \begin{bmatrix} 3 & 16 & 87 & 65 \\ 4 & 32 & 11 & 108 \\ 10 & 25 & 12 & 37 \end{bmatrix}$$

本题的编程思路是,在数组 a 的每一行中寻找最大的元素,找到之后把该值赋给数组 b 相应的元素即可。程序如下:

```
#include<stdio.h>
int main()
{
    int a[][4]={3,16,87,65,4,32,11,108,10,25,12,27};
    int b[3],i,j,max;
    for(i=0;i<=2;i++)
```

```
    {
        max=a[i][0];
        for(j=1;j<=3;j++)
            if(a[i][j]>max)
                max=a[i][j];
        b[i]=max;
    }
    printf("array a:\n");
    for(i=0;i<=2;i++)
    {
        for(j=0;j<=3;j++)
            printf("%5d",a[i][j]);
        printf("\n");
    }
    printf("array b:\n");
    for(i=0;i<=2;i++)
        printf("%5d",b[i]);
    printf("\n");
    return 0;
}
```

　　程序运行结果如图 6-32 所示。程序中的第一个 for 语句中又嵌套了一个 for 语句组成了双重循环。外循环控制逐行处理，并把每行的第 0 列元素赋给 max。进入内循环后，把 max 与后面各列元素相比较，并把比 max 大者赋给 max。内循环结束时 max 即为该行最大的元素，然后把 max 值赋给 b[i]。等外循环全部完成时，数组 b 中已存入了数组 a 各行中的最大值。后面的两个 for 语句分别输出数组 a 和数组 b。

图 6-32　例 6-25 程序运行结果

6.7　字符数组的使用

　　用来存放字符型数据的数组称为字符数组。在 C 语言中没有专门的字符串变量，通常用一个字符数组来存放一个字符串。

6.7.1 字符串和字符串结束标志

在 2.2 节介绍字符串常量时，已说明字符串总是以'\0'作为串的结束符。因此，当把一个字符串存入一个数组时，也把结束符'\0'存入数组，并以此作为该字符串是否结束的标志。有了'\0'标志后，就不必再用字符数组的长度来判断字符串的长度了。

C 语言允许用字符串的形式对数组进行初始化赋值。例如：

```
char c[]={'c', ' ','p','r','o','g','r','a','m'};
```

可写为：

```
char c[]={"c program"};
```

或去掉{}写为：

```
char c[]="c program";
```

用字符串方式赋值比用字符逐个赋值要多占 1 字节，用于存放字符串的结束标志'\0'。

上面的数组 c 在内存中的实际存放情况如图 6-33 所示。

c[0]	c[1]	c[2]	c[3]	c[4]	c[5]	c[6]	c[7]	c[8]	c[9]
'c'	' '	'p'	'r'	'o'	'g'	'r'	'a'	'm'	'\0'

图 6-33　用字符对字符数组初始化

'\0'是由 C 编译系统自动加上的。由于采用了'\0'标志，因此在用字符串赋初值时一般不必指定数组的长度，而由系统自行处理。

6.7.2 字符数组的输入/输出

(1) 在 scanf 函数和 printf 函数中使用格式字符串"%c"，可以对一个字符数组逐个地输入/输出字符。

【例 6-26】在 printf 函数和 scanf 函数中使用格式字符串"%c"，对一个字符数组逐个地输入/输出字符。

```
#include<stdio.h>
int main()
{
    int i;
    char c[5];            //定义字符型数组 c
    for(i=0; i<5; i++)
        scanf("%c",&c[i]);
    for(i=0; i<5; i++)
        printf("%c\t",c[i]);
    printf("\n");
    return 0;
}
```

程序运行结果如图 6-34 所示。

图 6-34　例 6-26 程序运行结果

(2) 在采用字符串方式后,字符数组的输入/输出将变得简单方便。可以在 scanf 函数和 printf 函数中使用格式字符串 "%s",对一个字符数组一次性地输入/输出一个字符串,而不必使用循环语句逐个地输入/输出每个字符。

【例 6-27】在 scanf 函数和 printf 函数中使用格式字符串 "%s",在输入/输出列表中只给出数组名则可,既不需要后加 "[]",也不需要前加 "&",因为数组名就是数组的首地址。

```c
#include<stdio.h>
int main()
{
    char s[15];
    printf("input string:\n");
    scanf("%s",s);
    printf("%s\n",s);
    return 0;
}
```

程序运行结果如图 6-35 所示。本例中由于定义数组的长度为 15,因此输入的字符串长度必须小于 15,以留出 1 字节用于存放字符串结束标志'\0'。应该说明的是,对于一个字符数组,如果不进行初始化赋值,则必须定义数组长度。还应该特别注意的是,当用 scanf 函数输入字符串时,键盘输入字符串中不能含有空格,否则将以空格作为串的结束符。

图 6-35　例 6-27 程序运行结果

在执行函数 printf("%s",s)时,先按数组名 s 找到首地址,然后逐个输出数组中的各个字符,直到遇到字符串结束标志'\0'为止。

6.7.3　字符串处理函数

C 语言提供了丰富的字符串处理函数,大致可分为字符串的输入、输出、合并、修改、比较、转换、复制、搜索等。使用这些函数,可大大减轻编程的负担。用于输入/输出的字符串函数在使用前应包含头文件 "stdio.h",使用其他字符串函数则应包含头文件 "string.h"。

下面介绍几个最常用的字符串函数。

1. 字符串输出函数 puts

(1) 格式

puts(字符数组名)

(2) 功能

把字符数组中的字符串输出到显示器，即在屏幕上显示该字符串。

【例 6-28】puts 函数的应用。

```
#include <stdio.h>
int main()
{
    int i=0;
    char s[]="java2\n ";
    while(s[i]!='\0')
        printf("%c",s[i++]);
    printf("%s ",s);
    puts(s);
    return 0;
}
```

程序运行结果如图 6-36 所示。从程序中可以看出 3 种功能输出的字符串是一致的，但 puts 函数会自动输出回车换行。puts 函数完全可以由 printf 函数取代。当需要按一定格式输出时，通常使用 printf 函数。其中，"%c"格式控制逐个输出字符，"%s"格式控制整串输出字符串。

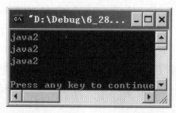

图 6-36 例 6-28 程序运行结果

2. 字符串输入函数 gets

(1) 格式

gets(字符数组名)

(2) 功能

从标准输入设备键盘上输入一个字符串。本函数得到一个函数值，即为该字符数组的首地址。

【例 6-29】gets 函数的应用。

```
#include<stdio.h>
int main()
```

```
{
    char st[15];
    printf("input string:\n");
    gets(st);
    puts(st);
    return 0;
}
```

程序运行结果如图 6-37 所示。可以看出，当输入的字符串中含有空格时，输出仍为整个字符串。说明：gets 函数并不以空格作为字符串输入结束的标志，而只以回车作为输入结束，这与 scanf 函数不同。

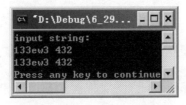

图 6-37　例 6-29 程序运行结果

3. 字符串连接函数 strcat

(1) 格式

strcat(字符数组名 1,字符数组名 2)

(2) 功能

把字符数组 2 中的字符串连接到字符数组 1 中字符串的后面，并删去字符串 1 后的结束标志'\0'。本函数的返回值是字符数组 1 的首地址。

【例 6-30】strcat 函数的应用。

```
#include<stdio.h>
#include<string.h>
int main()
{
    char st1[30]="my name is ";
    char st2[10];
    printf("input your name:\n");
    gets(st2);
    strcat(st1,st2);
    puts(st1);
    return 0;
}
```

程序运行结果如图 6-38 所示。本程序把初始化赋值的字符数组与动态赋值的字符串连接起来。要注意的是，字符数组 1 应定义足够的长度，否则不能全部存入被连接的字符串。

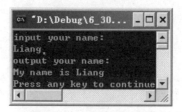

图 6-38　例 6-30 程序运行结果

4. 字符串复制函数 strcpy

(1) 格式

strcpy(字符数组名 1,字符数组名 2)

(2) 功能

把字符数组 2 中的字符串复制到字符数组 1 中。串结束标志'\0'也一同复制。字符数组 1 中原有的字符将被覆盖。

【例 6-31】strcpy 函数的应用。

```c
#include<stdio.h>
#include<string.h>
int main()
{
    char st1[15],st2[]="java2";
    strcpy(st1,st2);
    puts(st1);
    return 0;
}
```

程序运行结果如图 6-39 所示。本函数要求字符数组 1 应有足够的长度，否则不能全部存放所复制的字符串。字符数组名 2 也可以是一个字符串常量。这时，相当于把一个字符串赋给一个字符数组。

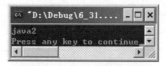

图 6-39　例 6-31 程序运行结果

注意:

把一个字符串赋值给另一个数组时,不能使用类似 st1=st2;的语句,只能用 strcpy 函数实现。

5. 字符串比较函数 strcmp

(1) 格式

strcmp(字符数组名 1,字符数组名 2)

(2) 功能

按照 ASCII 码顺序比较两个数组中的字符串，并由函数返回比较结果。若字符串 1＝字符串 2，返回值＝0；若字符串 1>字符串 2，返回值>0；若字符串 1<字符串 2，返回值<0。

本函数也可用于比较两个字符串常量，或比较字符数组和字符串常量。

【例 6-32】strcmp 函数的应用。

```
#include<stdio.h>
#include<string.h>
int main()
{
    int k;
    static char st1[15],st2[]="c language";
    printf("input a string:\n");
    gets(st1);
    k=strcmp(st1,st2);
    if(k==0) printf("st1=st2\n");
    if(k>0) printf("st1>st2\n");
    if(k<0) printf("st1<st2\n");
    return 0;
}
```

程序运行结果如图 6-40 所示。本程序中把输入的字符串和数组 st2 中的字符串相比较，比较结果返回到 k 中，根据 k 值再输出结果提示字符串。当输入为 java2 时，由 ASCII 码可知，"java2"大于"c language"，故 k>0，输出结果为 st1>st2。

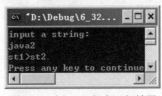

图 6-40   例 6-32 程序运行结果

6. 测字符串长度函数 strlen

(1) 格式

strlen(字符数组名)

(2) 功能

将字符串的实际长度(不含字符串结束标志'\0')作为函数的返回值。

【例 6-33】strlen 函数的应用。

```
#include<stdio.h>
#include<string.h>
int main()
{
```

```
    int k;
    static char st[]="c language";
    k=strlen(st);
    printf("the lenth of the string is %d\n",k);
    return 0;
}
```

程序运行结果如图6-41所示。

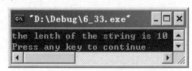

图6-41　例6-33程序运行结果

6.8　字符数组应用程序举例

【例6-34】输入5个国家的名称，按字母先后顺序输出。

本题的编程思路如下：5个国家名应由一个二维字符数组来处理。由于C语言规定可以把一个二维数组当成多个一维数组处理，因此本题又可以按5个一维数组处理，而每个一维数组就是一个国家名字符串。用字符串比较函数比较一维数组的大小并排序，最后输出结果即可。

程序如下：

```
#include<stdio.h>
int main()
{
    char st[20],cs[5][20];
    int i,j,p;
    printf("input country's name:\n");
    for(i=0;i<5;i++)
        gets(cs[i]);
    printf("output sorted country's name:\n");
    for(i=0;i<5;i++)
    {
        p=i;
        strcpy(st,cs[i]);
        for(j=i+1;j<5;j++)
            if(strcmp(cs[j],st)<0)
            {
                p=j;
                strcpy(st,cs[j]);
            }
        if(p!=i)
```

```
        {
            strcpy(st,cs[i]);
            strcpy(cs[i],cs[p]);
            strcpy(cs[p],st);
        }
        puts(cs[i]);
    }
    return 0;
}
```

程序运行结果如图 6-42 所示。

本程序的第一个 for 语句中，用 gets 函数输入 5 个
国家名字符串。由于 C 语言允许把一个二维数组按多个
一维数组处理，因此本程序定义的二维字符数组
cs[5][20]，可分为 5 个一维数组 cs[0]、cs[1]、cs[2]、cs[3]、
cs[4]。因此，在 gets 函数中使用 cs[i]是合法的。在第二
个 for 语句中又嵌套了一个 for 语句组成双重循环，这个
双重循环完成按字母顺序排序的工作。在外层循环中，
把字符数组 cs[i]中的国家名字符串复制到数组 st 中，并
把下标 i 赋给 p。进入内层循环后，把 st 与 cs[i]以后的
各字符串作比较，若有比 st 小者则把该字符串复制到 st

图 6-42 【例 6-34】程序运行结果

中，并把其下标赋给 p。内循环完成后，如 p 不等于 i 则说明有比 cs[i]更小的字符串出现，因
此交换 cs[i]和 st 的内容。至此，已确定了数组 cs 的第 i 个元素的排序值。然后，输出该字符串。
在外循环全部完成之后，即完成全部排序和输出。

思考：
本例中使用的是哪种排序方法？

6.9 习 题

一、选择题

1. 已知语句 char s[5], c; int b;，则调用函数 scanf 的正确语句是(   )。
   A. scanf("%s%c", s, c);   B. scanf("%d%c",&b, c);
   C. scanf("%d%c", b, &c);   D. scanf("%s%c", s , &c);
2. 下列描述中不正确的是(   )。
   A. 字符型数组中可以存放字符串
   B. 可以对字符型数组进行整体输入、输出
   C. 可以对整型数组进行整体输入、输出
   D. 不能在赋值语句中通过赋值运算符(=)对字符型数组进行整体赋值

3. 在语句 int a[5]={1,3,5};中，数组元素 a[1]的值是(   )。

    A. 1   B. 0   C. 3   D. 2

4. 若要定义一个具有 5 个元素的整型数组，以下错误的定义语句是(   )。

    A. int a[5]= {0}   B. int b[]={0,0,0,0,0}   C. int c[2+3]   D. int i=5,d[i]

5. 已知语句 int a[10];，则对 a 数组元素的正确引用是(   )。

    A. a[10]   B. a[3.5]   C. a(5)   D. a[10-10]

6. 以下能对一维数组 a 进行正确初始化的语句是(   )。

    A. int a[5]=(0,0,0,0,0,)   B. int a[5]=[0]

    C. int a[5]={1,2,3,4,5,6,7}   D. int a[]={0}

7. 若有定义 int a[3][4]={{1,2},{0},{1,2,3}};，则 a[1][1]的值为(   )。

    A. 0   B. {1,2}   C. 1   D. 3

8. 若有声明 int a[5][4];，则对其数组元素的正确引用是(   )。

    A. a[3+1][2]   B. a(3)(2)   C. a[0,2]   D. a[3][5]

9. 在 C 语言中，引用数组元素时，其数组下标的数据类型允许是(   )。

    A. 整型常量   B. 整型表达式

    C. 整型常量或整型表达式   D. 任何类型的表达式

10. 若有语句 int a[3][5]={{2,2},{2,6},{2,6,2}};，则数组 a 共有(   )个元素。

    A. 8   B. 5   C. 3   D. 15

11. 设有如下程序段:

```
int a[3][3]={1,0,2,1,0,2,1,0,1},i,j,s=0;
for(i=0;i<3;i++)
    for(j=0;j<i;j++)
        s=s+a[i][j];
```

则执行该程序段后，s 的值是(   )。

    A. 0   B. 1   C. 2   D. 3

12. 设有定义 char str[8]={"Fujian"};，则分配给数组 str 的存储空间是(   )字节。

    A. 6   B. 7   C. 8   D. 9

13. 有以下程序:

```
#include<stdio.h>
#include<string.h>
int main()
{
    char x[]="TRING";
    x[0]=0;x[1]='\0';x[2]='0';
    printf("%d  %d\n",sizeof(x),strlen(x));
    return 0;
}
```

程序运行后的输出结果是(   )。

    A. 6 0   B. 7 0   C. 6 3   D. 7 1

14. 若有定义 char str[4]={'a', 'b', '\0', 'd'};，则语句 printf("%s",str);的输出结果是(　　)。

    A. ab\　　　　　　　　B. Abd　　　　　　　　C. ab\0　　　　　　　　D. ab

15. 以下不能把字符串"Hello!"赋给数组 b 的语句是(　　)。

    A. char b[10]={'H', 'e', 'l', 'l', 'o', '!', '\0'};　　　　B. char b[10]; b="Hello!";

    C. char b[10]; strcpy(b,"hello!");　　　　　　　D. char b[10]="hello!";

16. 设 char s[10]={"october"};，则语句 printf("%d\n",strlen(s));的输出结果是(　　)。

    A. 7　　　　　　　　B. 8　　　　　　　　C. 10　　　　　　　　D. 11

17. 有以下程序(其中的 strcat 函数用于连接两个字符串):

```
#include<stdio.h>
#include<string .h>
int main()
{
    char a[20]="ABCD\0EFG\0",b[]="IJK";
    strcat(a,b);printf("%s\n",a);
    return 0;
}
```

程序运行后的输出结果是(　　)。

    A. ABCDE\OFG\OIJK　　　　　　　　B. ABCDIJK

    C. IJK　　　　　　　　　　　　　　　D. EFGIJK

18. 下列程序运行后的输出结果是(　　)。

```
#include <stdio.h>
int main (    )
{
    char str[10];
    strcpy(str,"jsjxy");
    strcpy(str,"jlnu");
    printf("%s\n",str);
    return 0;
}
```

    A. jsjxy　　　　　　　　　　　　　　B. jlnu

    C. Jlnuy　　　　　　　　　　　　　　D. jlnujsjxy

19. 若有声明 char s1[5],s2[7];，要给 s1 和 s2 赋值，下列语句正确的是(　　)。

    A. scanf("%s%s",&s1,&s2);　　　　　　B. gets(s1,s2);

    C. scanf("%s%s",s1,s2);　　　　　　　D. s1=getchar();s2=getchar();

20. 设有数组定义 char array[ ]="China";，则数组 array 所占的空间为(　　)。

    A. 4 字节　　　　　　　　　　　　　　B. 5 字节

    C. 6 字节　　　　　　　　　　　　　　D. 7 字节

二、填空题

1. 有以下程序：

```c
#include <stdio.h>
int main ()
{
    int i,j,a[][3]={1,2,3,4,5,6,7,8,9};
    for (i=1;i<3;i++)
        for(j=i;j<3;j++)
            printf("%d",a[i][j]);
    printf("\n");
    return 0;
}
```

程序运行后的输出结果是_____。

2. 以下程序用于删除字符串中的所有空格，请填空。

```c
#include<stdio.h>
int main()
{
    char s[100]={"our teacher teach c language!"};int i,j;
    for( i=j=0;s[i]!='\0';i++)
        if(s[i]!=' ') { s[j]=s[i];j++; }
    s[j]=____;
    printf("%s\n",s);
    return 0;
}
```

三、程序分析题

写出下列程序的运行结果。

1.

```c
#include "stdio.h"
int main( )
{
    int k,j;
    int a[]={3,-5,18,27,37,23,69,82,52,-15};
    for(k=0,j=k;k<10;k++)
        if(a[k]>a[j])j=k;
    printf("m=%d,j=%d\n",a[j],j);
    return 0;
}
```

2.

```
#include <stdio.h>
int main( )
{
    char s[]="abcdef";
    s[3]='\0';
    printf("%s\n",s);
    return 0;
}
```

四、程序填空题

1. 以下程序的功能是将字符串 s 中的数字字符放入数组 d 中，最后输出 d 中的字符串。例如，输入字符串 abc123edf456gh，执行程序后输出 123456。请填空。

```
#include<stdio.h>
#include<string.h>
int main()
{
    char s[80], d[80]; int i,j;
    gets(s);
    for(i=j=0;s[i]!='\0';i++)
        if(_____) { d[j]=s[i]; j++; }
    d[j]='\0';
    puts(d);
    return 0;
}
```

2. 以下程序用来对从键盘上输入的两个字符串进行比较，然后输出两个字符串中第一个不相同字符的 ASCII 码之差。例如，输入的两个字符串分别为 abcdef 和 abceef，则输出为-1。请填空。

```
#include <stdio.h>
int main()
{
    char str[100],str2[100],c;
    int i,s;
    printf("input string 1:\n");gets(str1);
    printf("input string 2:\n");gets(str2);
    i=0;
    while(strl[i]==str2[i]&&(str1[i]!=_____))
        i++;
    s=_____ ;
```

```
    printf("%d\n",s);
    return 0;
}
```

五、程序设计题

1. 编程求一个 3×3 矩阵的主对角线上的元素之和(设该矩阵的元素均为整型数据)。
2. 有如下一个 3×4 矩阵,请编写程序求该矩阵所有元素中的最大值。

$$
\begin{matrix}
1 & 3 & 5 & 7 \\
2 & 4 & 6 & 8 \\
15 & 17 & 34 & 12
\end{matrix}
$$

3. 编程求元素个数为 10 的一维数组元素中的最大值和最小值。

第7章

用户自定义函数

C 程序是由函数组成的。在前面的程序中只有一个主函数 main，但实际程序可能由多个函数组成。函数是 C 程序的基本模块，通过对函数模块的调用可以实现特定的功能。

有时程序中要多次实现某一功能，若多次重复编写实现此功能的程序代码，就会使程序冗长，不简洁；而采用函数模块式的结构，可以一次定义，多次调用，使程序的层次结构清晰，可以减少重复编写程序代码的工作量，同时可以实现模块化的程序设计。

C 语言不仅提供了极为丰富的库函数，还允许用户创建自定义函数。用户可把自己的算法编写成一个个相对独立的函数，然后通过方法调用来使用这些函数。

7.1 用户自定义函数的种类

1. 有返回值函数和无返回值函数

C 语言的函数兼有其他语言中的函数和过程两种功能。从这个角度看，又可把函数分为有返回值函数和无返回值函数两种。

(1) 有返回值函数

此类函数执行完后将向调用者返回一个执行结果(为函数返回值)，如数学函数即属于此类函数。由用户定义的这种要返回函数值的函数，必须在函数定义和函数声明中明确返回值的类型，在函数调用时要接收函数的返回值。

(2) 无返回值函数

此类函数用于完成某项特定的处理任务，执行完后不向调用者返回函数值，这类函数类似于其他语言的过程。由于函数不必返回值，因此用户在定义此类函数时可指定它的返回为空类型，空类型的声明符为 void，在函数调用时不能得到函数的返回值。

2. 无参函数和有参函数

从主调函数和被调函数之间数据传递的角度看又可分为无参函数和有参函数两种。

(1) 无参函数

函数定义、函数声明及函数调用中均不带参数。主调函数和被调函数之间不进行参数传递。此类函数通常用来完成一组指定的功能，可以返回函数值，也可以不返回函数值。

(2) 有参函数

又被称为带参函数。在函数定义及函数声明时都有参数，称为形式参数(简称形参)。在函数调用时也必须给出参数，称为实际参数(简称实参)。形参和实参的个数及对应位置参数的类型必须一致。进行函数调用时，主调函数将把实参的值传递给形参，供被调函数使用，这一过程叫形实结合方式，也叫参数传递方式。

7.2 函数的定义

函数要先定义后使用。函数的定义指定函数名称、函数返回值的类型、函数实现的功能以及参数的个数与类型，并将这些信息通知编译系统。

函数定义包括函数首部和函数体两部分。其中，函数体又分为声明部分和执行部分。

1. 无参函数的定义

无参函数的定义形式为：

```
类型标识符 函数名()
{
    声明部分
    执行部分
}
```

(1) 函数首部

类型标识符和函数名为函数首部。

① 类型标识符指明了本函数返回值的类型。无参函数可以带回或不带回函数值，但一般以不带回函数值的居多，此时函数类型标识符可以写为 void。如下所示：

```
void hello()
{
    printf ("hello world \n");
}
```

这里，hello 函数是一个无参函数，当被其他函数调用时，输出"hello world"字符串。

② 函数名是由用户定义的标识符，应符合标识符命名规则。函数名后有一个空括号，其中无参数，但括号不可少，作为函数的标志。

(2) 函数体

{}中的内容称为函数体，包括声明部分和执行部分。声明部分是对函数体内部所用到的变量的类型声明，执行部分完成函数的功能。

2. 有参函数的定义

有参函数定义的一般形式为：

```
类型标识符 函数名(形参列表)
```

```
{
    声明部分
    执行部分
}
```

有参函数比无参函数多了一项内容，即形参列表。在形参列表中给出的参数称为形参，它们可以是各种类型的变量，各参数之间用逗号分隔。在进行函数调用时，主调函数将赋给这些形参实际的值。形参既然是变量，就必须在形参列表中给出形参的类型声明。

例如，定义一个函数，用于求两个数中的大数，可写为：

```
int max(int a, int b)
{
    if (a>b)
        return a;
    else
        return b;
}
```

第一行声明 max 函数是一个整型函数，函数的返回值是一个整数。形参为 a 和 b，均为整型量。a 和 b 的具体值由主调函数在调用时传入。在函数体内，除形参外没有使用其他变量，因此只有执行部分而没有声明部分。在 max 函数体中的 return 语句是把 a 或 b 的值作为函数的值返回给主调函数。有返回值函数中至少应有一个 return 语句。

3. 带返回值的函数定义

带返回值的函数，函数体的执行部分必须通过 return 语句向函数返回指定类型的值。return 语句的一般形式为：

```
return 表达式;
```

或者为：

```
return (表达式);
```

该语句的功能是计算表达式的值，并将该值返回给主调函数。在函数中允许有多个 return 语句，但每次调用只能有一个 return 语句被执行，因此只能返回一个函数值。在定义函数时指定的函数类型一般应该和 return 语句中的表达式类型一致。如果函数值的类型和 return 语句中表达式的类型不一致，则以函数类型为准。

4. 不带返回值的函数定义

不带返回值的函数应明确定义为空类型，类型声明符为 void。一旦函数被定义为空类型，就不能在主调函数中使用被调函数的函数值了。

5. 函数定义的位置

在 C 程序中，一个函数的定义可以放在任意位置，既可放在主函数 main 之前，也可放在 main 之后。

在 C 语言中,所有函数的定义,包括主函数 main 在内,都是平行的。也就是说,在一个函数的函数体内,不能再定义另一个函数,即不能嵌套定义。

7.3 被调函数的声明

对于用户自定义函数,不仅要在程序中定义函数,还要在主调函数中对该被调函数进行声明,然后才能使用。

在一个函数中调用另一个自定义函数时,如果被调函数在主调函数之后定义,那么在主调函数中调用被调函数之前应对该被调函数进行声明,这与使用变量之前要先进行变量声明是一样的。

1. 函数声明的一般形式

C 语言中函数声明的一般形式为:

```
类型声明符 被调函数名(类型 形参名,类型 形参名,…);
```

或

```
类型声明符 被调函数名(类型,类型,…);
```

括号内给出了形参的类型和形参名,或只给出形参类型。这便于编译系统进行检错,以防止可能出现的错误。例如:

```
int max(int a,int b);
```

或

```
int max(int,int);
```

2. 可以省略主调函数中对被调函数的函数声明的情况

C 语言中规定了在以下几种情况中可以省去主调函数中对被调函数的函数声明。

(1) 当被调函数定义在主调函数之前时,在主调函数中也可以不对被调函数再进行声明而直接调用。

(2) 若在所有函数定义之前,在函数外预先声明了各个函数的类型,则在以后的各主调函数中,可不再对被调函数进行声明。例如:

```
char str(int a);
int main()
{
    ……
    return 0;
}
char str(int a)
```

```
{
    ......
}
```

其中第一行对 str 函数预先进行了声明，因此在以后各函数中不必对 str 函数再进行声明就可直接调用。

7.4　函数的调用

一个 C 源文件必须有且仅有一个主函数 main，C 程序的执行总是从 main 函数开始，完成对其他函数的调用后再返回到 main 函数，最后由 main 函数结束整个程序。main 函数可以调用其他函数，而不允许被其他函数调用；而其他函数必须通过调用才能执行函数体，完成相应的函数功能。

7.4.1　函数调用的一般形式

C 语言中，函数调用的一般形式为：

函数名(实参列表)

对无参函数调用时则无实参列表。实参列表中的参数可以是常量、变量、函数、表达式或其他构造类型的数据。各实参不必指定类型，多个实参之间用逗号分隔。

7.4.2　函数调用的方式

在 C 语言中，按函数调用在程序中出现的形式和位置来分，可以有如下 3 种函数调用方式。

1. 函数表达式

函数调用出现在另一个表达式中，这时要求函数带回一个确定的值以参加表达式的运算。例如，z=max(x,y)是一个赋值表达式，把 max 的返回值赋给变量 z。

2. 函数调用语句

函数调用单独作为一个语句，即在函数调用的一般形式末尾加上分号构成函数调用语句。例如，printf("%d",a);就是以函数调用语句的方式调用函数。这时不要求函数有返回值，只要求函数完成一定的操作。

3. 函数实参

函数调用作为另一个函数调用的实参出现。这种情况是把该函数的返回值作为实参进行传递，因此要求该函数必须是有返回值的。例如：

printf("%d",max(x,y));

就是把 max 函数调用的返回值又作为 printf 函数的实参来使用。

现在可以从函数定义、函数声明及函数调用的角度来分析整个程序，从中进一步了解函数的各个特点。

【例7-1】函数的定义、声明及调用举例。

```
#include<stdio.h>
int max(int a,int b)
{
    if(a>b)
        return a;
    else
        return b;
}
int main()
{
    int max(int a,int b);
    int x,y,z;
    printf("input two numbers:\n");
    scanf("%d%d",&x,&y);
    z=max(x,y);
    printf("maxmum=%d\n",z);
    return 0;
}
```

程序运行结果如图7-1所示。程序的第2行至第8行为max函数的定义。进入主函数后，因为准备调用max函数，故先对max函数进行声明(程序的第11行)。函数定义和函数声明并不是一回事，函数声明与函数定义中的函数首部相同，但是末尾要加分号。程序的第15行调用max函数，并把x和y中的值传递给max的形参a和b。max函数执行的结果(a或b)将返回给变量z。最后由主函数输出z的值。由于max函数定义在主调函数之前，因此max函数声明可以省略。

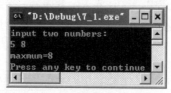

图7-1　例7-1程序运行结果

7.4.3　函数调用的参数传递

在函数调用时重点要掌握形参、实参的特点和两者的关系。形参出现在函数定义中，在整个函数体内都可以使用，离开该函数则不能使用。实参出现在主调函数中，进入被调函数后，实参变量也不能使用。

1. 函数的形参和实参的特点

(1) 形参变量只有在被调用时才分配内存单元，在调用结束后，立即释放所分配的内存单元。因此，形参仅在函数内部有效。函数调用结束返回主调函数后，则不能再使用该形参变量。

(2) 实参可以是常量、变量、函数、表达式或其他构造类型的数据，无论实参是何种类型的数据，在进行函数调用时，它们都必须具有确定的值，以便把这些值传递给形参。因此，应预先用赋值、输入等方法使实参获得确定的值。

(3) 实参和形参的数量、类型、顺序应严格保持一致，否则会发生类型不匹配的错误。

2. 参数传递方式

(1) 单向值传递

当实参是常量、变量、函数、表达式时，函数调用中发生的数据传递是单向值传递，即只能把实参的值传递给形参，而不能把形参的值反向地传递给实参。因此，在函数调用过程中，形参的值会发生改变，而实参中的值不会变化。

【例 7-2】单向值传递。

```c
#include<stdio.h>
int s(int n)
{
    int i;
    for(i=n-1;i>=1;i--)
        n=n+i;
    printf("n=%d\n",n);
}
int main()
{
    int n;
    printf("input number\n");
    scanf("%d",&n);
    s(n);
    printf("n=%d\n",n);
    return 0;
}
```

程序运行结果如图 7-2 所示。本程序中定义了一个函数 s，该函数的功能是求 1~n 的和。在主函数中输入 n 值，并作为实参，在调用时传递给 s 函数的形参变量 n(注意，本例的形参变量和实参变量的标识符都为 n，但这是两个不同的变量，各自的作用域不同)。在主函数中用 printf 语句输出一次 n 值，这个 n 值是实参 n 的值。在函数 s 中也用 printf 语句输出了一次 n 值，这个 n 值是形参最后取得的 n 值 0。从运行情况看，输入 n 值为 10，即实参 n 的值为 10。把此值传给函数 s 时，形参 n 的初值也为 10，在执行函数的过程中，形参 n 的值变为 55。返回主函数之后，输出实参 n 的值仍为 10。由此可见，实参的值不随形参的变化而变化。

图 7-2　例 7-2 程序运行结果

(2) 双向地址传递

当实参是数组名或指针时，函数调用中发生的参数传递是双向的。即把实参的地址传递给形参，也就是形参和实参共用同一地址空间，形参的值发生改变，就会改变这段地址空间的值，所以实参中的值也会跟着变化。这部分知识将在 7.7.2 节用数组名作为函数参数和 10.2.3 节用指针变量作为函数参数中详细介绍。

7.5 函数的嵌套调用

C 语言允许在一个函数的定义中出现对另一个函数的调用。这样就出现了函数的嵌套调用，即在被调函数中又调用其他函数。

例如，图 7-3 中，在执行 main 函数中调用 a 函数的语句时，即转去执行 a 函数，在 a 函数中调用 b 函数时，又转去执行 b 函数，b 函数执行完毕后返回 a 函数的断点继续执行，a 函数执行完毕后返回 main 函数的断点继续执行。

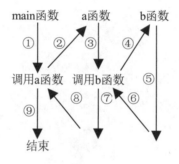

图 7-3　函数嵌套

【例 7-3】计算 s=(1+2)!+(1+2+3)!。

本题可编写两个函数，一个用来计算累加和的函数 f1，另一个用来计算阶乘值的函数 f2。主函数先调用 f1 函数计算出累加和，再在 f1 中以累加和为实参，调用 f2 函数计算其阶乘值，然后返回 f1，再返回主函数，在循环程序中计算累加和。

```c
#include<stdio.h>
long f1(int p)
{
    int k,r=0;
    int f2(int);
    for(k=1;k<=p;k++)
        r=r+k;
    return f2(r);
}
int f2(int q)
{
    int i,c=1;
```

```
        for(i=1;i<=q;i++)
            c=c*i;
        return c;
}
int main()
{
        int i,s=0;
        for (i=2;i<4;i++)
            s=s+f1(i);
        printf("s=%d\n",s);
        return 0;
}
```

程序运行结果如图 7-4 所示。

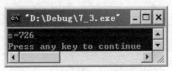

图 7-4　例 7-3 程序运行结果

在程序中，函数 f1 和 f2 均为整型，都在主函数之前定义，故不必再在主函数中对 f1 和 f2 进行声明。在主程序中，循环程序依次把 i 值作为实参调用函数 f1，求 1~i 的和的阶乘值。在 f1 中又发生对函数 f2 的调用，这时是把 1~i 的和的值作为实参去调用 f2，在 f2 中完成求 1~i 的和的阶乘计算。f2 执行完毕后，把 c 值(即 1~i 的和的阶乘)返回给 f1，再由 f1 返回主函数实现累加。至此，由函数的嵌套调用实现了该例题的要求。

7.6　函数的递归调用

一个函数在它的函数体内直接或间接调用它自身，称为递归调用，这种函数称为递归函数。在递归调用中，主调函数又是被调函数。执行递归函数将反复调用其自身，每调用一次就进入新的一层。为了防止递归调用无休止地进行，必须在函数内有终止递归调用的手段。常用的办法是添加条件判断，满足某种条件后就不再进行递归调用，然后逐层返回。下面举例说明递归调用的执行过程。

【例 7-4】用递归法计算 n!。

用递归法计算 n!可用下述公式表示：

$$n! = \begin{cases} 1 & (当n=0或n=1时) \\ n \times (n-1)! & (当n>1时) \end{cases}$$

按公式可编程如下：

```
#include<stdio.h>
long ff(int n)
```

```
{
    if(n<0)
    {
        printf("n<0,input error");
        exit(1);
    }
    else if(n==0||n==1)
        return 1;
    else
        return ff(n-1)*n;
}
int main()
{
    int n;
    long y;
    printf("input a integer number:");
    scanf("%d",&n);
    y=ff(n);
    printf("%d!=%ld\n ",n,y);
    return 0;
}
```

程序运行结果如图 7-5(a)所示。程序中给出的 ff 函数是一个递归函数。主函数调用 ff 函数后即进入该函数执行操作，如果 n<0、n==0 或 n==1 都将结束 ff 函数的执行，否则就递归调用 ff 函数自身。每次递归调用的实参都为 n-1，即把 n-1 的值赋给形参 n，最后当 n-1 的值为 1 时再进行递归调用；形参 n 的值也为 1，这将使递归终止，然后可逐层退回。

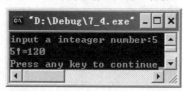

图 7-5(a)　例 7-4 程序运行结果

下面举例说明递归调用与返回的过程。求 3!，在主函数中的调用语句即为 y=ff(3)，进入 ff(3) 函数后，由于 n=3，它不等于 0 或 1，故应执行返回语句 ff(n-1)*n，即 ff(3-1)*3。该语句对 ff 函数进行递归调用，即调用 ff(2)。进入 ff(2)函数后，由于 n=2，它不等于 0 或 1，故应执行返回语句 ff(n-1)*n，即 ff(1)*2。该语句对 ff 函数进行递归调用，即调用 ff(1)。进入 ff(1)函数后，由于 n=1，故不再继续递归调用而是开始逐层返回主调函数。ff(1)函数的返回值为 1，返回到调用 ff(1)的 ff(2)函数中的断点处，将 ff(1)*2 的值 1*2=2 作为 ff(2)的返回值，返回到调用 ff(2)的 ff(3)函数中的断点处，将 ff(2)*3 的值 2*3=6 作为 ff(3)的返回值，返回到 main 函数调用 ff(3)的断点处，将 ff(3)的值 6 赋值给变量 y，具体过程如图 7-5(b)所示。

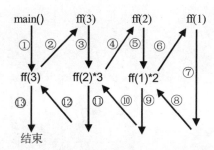

图 7-5(b)　计算 3!的递归调用与返回的过程

7.7　数组作为函数参数

数组可以作为函数的参数使用，进行数据传递。数组用作函数参数有两种形式：一种是把数组元素作为实参使用，另一种是把数组名作为函数的形参和实参使用。

7.7.1　数组元素作为函数实参

数组元素就是下标变量，它与简单变量并无区别。因此，它作为函数实参使用与简单变量是完全相同的，在发生函数调用时，把作为实参的数组元素的值传递给形参，实现值单向传递。

提示：

该方法用得不多。

数组元素作为实参的特点如下：

(1) 数组元素用作实参时，只要数组类型和函数的形参变量的类型一致，那么作为下标变量的数组元素的类型也和函数形参变量的类型是一致的。因此，并不要求函数的形参也是下标变量。换句话说，对数组元素的处理是按简单变量对待的。

(2) 简单变量或下标变量用作函数参数时，形参变量和实参变量是由编译系统分配的两个不同的内存单元。在函数被调用时，发生值传递实际上是把实参变量的值赋给形参变量，不能从形参传回实参。形参的初值和实参相同，而形参的值发生改变后，实参并不变化。

【例 7-5】判别一个整型数组中各元素的值，若大于 0 则输出该数加 1 后的值，若小于或等于 0 则输出 0 值。编程如下：

```
void nzp(int v)
{
    if(v>0)
        printf("%d ",++v);
    else
        printf("%d ",0);
}
int main()
{
```

```
        int a[5],i;
        printf("input 5 numbers:\n");
        for(i=0;i<5;i++)
            scanf("%d",&a[i]);
        for(i=0;i<5;i++)
        {
            nzp(a[i]);
            printf("%d\n",a[i]);
        }
        return 0;
}
```

程序运行结果如图 7-6 所示。本程序中首先定义一个无返回值函数 nzp，并声明其形参 v 为整型变量。在函数体中根据 v 值输出相应的结果。在 main 函数中用一个 for 语句输入数组的各元素，每输入一个就以该元素作实参调用一次 nzp 函数，即把 a[i]的值传递给形参 v，供 nzp 函数使用。因为形参 v 的变化并没有传回实参，所以主函数中输出的数组元素的值并没有发生变化。

图 7-6　例 7-5 程序运行结果

7.7.2 数组名作为函数参数

1. 数组名作为函数参数的特点

(1) 数组名用作函数参数时，要求形参和相对应的实参都必须是类型相同的数组，都必须有明确的数组定义。

(2) 在数组名用作函数参数时，不是进行值的传递，即个是把实参数组的每个元素的值都赋给形参数组的各个元素。因为实际上形参数组并不存在，编译系统不为形参数组分配内存。因此，在数组名用作函数参数时，函数执行过程中把实参数组的首地址赋给形参数组名。形参数组名取得该首地址之后，也就等于有了实在的数组，实际上是形参数组和实参数组为同一数组，共同拥有一段内存空间。因此，当形参数组发生变化时，实参数组也随之变化，相当于实现了地址双向传递。

【例 7-6】数组 a 中存放了一个学生 5 门课程的成绩，对这些成绩分别上调 10 分。

```
#include<stdio.h>
void inc(int a[5])
{
    int i;
    for(i=0;i<5;i++)
        a[i]+=10;
}
```

```
int main()
{
    int i,sco[5];
    printf("input 5 scores:\n");
    for(i=0;i<5;i++)
        scanf("%d",&sco[i]);
    inc(sco);
    printf("output 5 scores:\n");
    for(i=0;i<5;i++)
        printf("%d\t",sco[i]);
    printf("\n");
    return 0;
}
```

程序运行结果如图 7-7(a)所示。本程序首先定义了一个 inc 函数，该函数的形参为整型数组 a，长度为 5。在 inc 函数中，将形参数组 a 各元素的值加 10。主函数 main 中首先完成数组 sco 的输入，然后以 sco 作为实参调用 inc 函数，主程序输出的实参数组元素的值是已经在函数 inc 中数组 a 变化后的值。从运行情况可以看出，程序实现了数组名作为参数，完成形参与实参的双向地址传递功能，如图 7-7(b)所示。

sco[0]	Sco[1]	sco[2]	sco[3]	sco[4]
55	66	77	88	87
a[0]	a[1]	a[2]	a[3]	a[4]

图 7-7(a)　例 7-6 程序运行结果　　　　图 7-7(b)　数组名作为实参完成地址双向传递

2. 数组名作为函数参数时的注意事项

(1) 在函数形参列表中，允许不给出形参数组的长度，或用一个变量来表示数组元素的个数。例如，可以写为：

```
void p(int a[])
```

或

```
void p(int a[],int n)     //这种方法使函数的调用更加灵活
```

其中，形参数组 a 没有给出长度，而由 n 值动态地表示数组的长度。n 的值由主调函数的实参进行传递。

(2) 多维数组也可以作为函数的参数。在函数定义时，对形参数组可以指定每一维的长度，也可省去第一维的长度。因此，以下写法都是合法的。

```
int max(int a[3][10])
```

或：

```
int max(int a[][10])
```

7.8 变量的作用域

变量有效性的范围称为变量的作用域。C 语言中所有的变量都有自己的作用域，变量定义的位置不同，其作用域也不同。变量的作用域限定了变量的有效作用区间，只有在该有效范围内，变量才能被程序访问。如果同一个源文件中，在不同作用域内可以定义同名变量，在使用时，作用域小的变量会屏蔽作用域大的变量。C 语言中的变量，按作用域可分为两种：局部变量和全局变量。

7.8.1 局部变量

局部变量也称为内部变量。局部变量在函数体中的声明部分定义(局部变量在定义的同时直接被声明了，所以对局部变量的定义也称为声明)。其作用域仅限于本函数内，离开本函数后就不能再使用这个变量。

【例 7-7】局部变量的作用域。

```
int f1(int a)        /*函数 f1*/
{
    int b,c;         /* a，b，c 有效*/
    ……
}
int main()
{
    int m,n;         /* m，n有效*/
    ……
    return 0;
}
```

在函数 f1 内定义了 3 个变量，其中 a 为形参，b、c 为一般变量。在 f1 的作用域内 a、b、c 有效，或者说 a、b、c 变量的作用域限于 f1 内。同理，m 和 n 的作用域限于 main 函数内。

关于局部变量的作用域，还要说明以下几点。

(1) 主函数中定义的变量也只能在主函数中使用，不能在其他函数中使用。同时，主函数中也不能使用其他函数中定义的变量。原因在于主函数也是一个函数，它与其他函数是平行关系。

(2) 形参变量是属于被调函数的局部变量，实参变量是属于主调函数的局部变量。

(3) 允许在不同的函数中使用相同的变量名，它们代表不同的对象，分配不同的单元，互不干扰，也不会发生混淆。

(4) 在复合语句中也可定义变量，其作用域只在复合语句范围内。

【例 7-8】复合语句中定义的局部变量的作用域。

```
#include<stdio.h>
int main()
{
    int i=2,j=3,k;
```

```
    k=i+j;
    {
        int k=8;
        printf("%d\n",k);
    }
    printf("%d\n",k);
    return 0;
}
```

程序运行结果如图 7-8 所示。本程序在 main 中定义了 i、j、k 这 3 个变量。其中，k 未赋初值；而在复合语句内又定义了一个变量 k，并赋初值为 8。应该注意这两个 k 不是同一个变量，在复合语句外由 main 定义的 k 起作用，而在复合语句内则由在复合语句内定义的 k 起作用。因此，程序第 5 行的 k 为 main 所定义，其值应为 5。第 8 行输出 k 值，该行在复合语句内，由复合语句内定义的 k 起作用，其初值为 8，故输出值为 8。而第 10 行已在复合语句之外，输出的 k 应为 main 所定义的 k，此 k 值由第 5 行已获得为 5，故输出值也为 5。

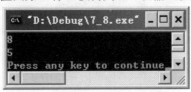

图 7-8　例 7-8 程序运行结果

7.8.2　全局变量

全局变量也称为外部变量，它是在函数外部定义的变量。它不属于哪一个函数，而属于一个源文件，其作用域是整个源文件。要在函数中使用全局变量，一般应进行全局变量定义。在函数内使用全局变量之前必须先声明(全局变量的定义和声明是两个不同的概念)，只有在函数内经过声明的全局变量才能使用，即全局变量依次包括定义、声明和使用 3 个步骤。全局变量的声明符为 extern。但在一个函数之前定义的全局变量，在该函数内使用时可不再加以声明。

【例 7-9】全局变量的作用域。

```
int a,b;            /*外部变量*/
void f1()           /*函数 f1*/
{
    ……
    extern x,y;     /*声明外部变量*/
    ……
}
float x,y;          /*外部变量*/
int main()          /*主函数*/
{
    ……
    return 0;
}
```

从例 7-9 可以看出，a、b、x、y 都是在函数外部定义的外部变量，都是全局变量。但 x 和 y 定义在函数 f1 之后，而在 f1 内有对 x 和 y 的声明，所以它们在 f1 内有效。a 和 b 定义在源文件最前面，因此在 f1 及 main 内不进行声明也可使用。

【例 7-10】分别输入正方体的长、宽、高：l、w、h。求体积及 3 个面 x*y、x*z、y*z 的面积。

```c
#include<stdio.h>
int s1,s2,s3;
int vs( int a,int b,int c)
{
    int v;
    v=a*b*c;
    s1=a*b;
    s2=b*c;
    s3=a*c;
    return v;
}
int main()
{
    int v,l,w,h;
    printf("input length,width and height:\n");
    scanf("%d%d%d",&l,&w,&h);
    v=vs(l,w,h);
    printf("v=%d,s1=%d,s2=%d,s3=%d\n",v,s1,s2,s3);
    return 0;
}
```

程序运行结果如图 7-9 所示。

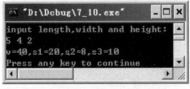

图 7-9　例 7-10 程序运行结果

如果同一个源文件中，外部变量与局部变量同名，则在局部变量的作用域内，外部变量会被屏蔽，即它不起作用。

【例 7-11】全局变量与局部变量同名。

```c
#include<stdio.h>
int a=3,b=5;            /*a,b 为全局变量*/
int max(int a,int b)    /*a,b 为局部变量*/
{
    int c;
```

```
        c=a>b?a:b;
        return(c);
}
int main()
{
        int a=8;
        printf("%d\n",max(a,b));
        return 0;
}
```

程序运行结果如图 7-10 所示。

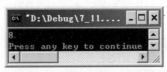

图 7-10　例 7-11 程序运行结果

7.9　变量的存储类别

本章 7.8 节介绍过从变量的作用域(即从空间)角度来分,可以将变量分为全局变量和局部变量。本节从另一个角度——变量值存在的时间(即生存期)角度来分,可以将变量分为静态存储方式的变量和动态存储方式的变量。

7.9.1　静态存储方式的变量与动态存储方式的变量

1. 静态存储方式及静态存储区

静态存储方式是指在程序运行期间分配固定的存储空间的方式。全局变量全部存放在静态存储区,在程序开始执行时给全局变量分配存储区,程序执行完毕后就释放。在程序执行过程中,它们占据固定的存储单元,而不是动态地进行分配和释放。

2. 动态存储方式及动态存储区

动态存储方式是指在程序运行期间根据需要进行动态分配存储空间的方式。在函数开始调用时分配动态存储空间,函数结束时释放这些空间。

在 C 语言中,变量不仅可以有不同的数据类型,还可以有不同的数据存储类别。C 语言的变量存储类别有 4 种:auto、static、register 和 extern。

增加存储类别后,定义一个变量的完整形式为:

存储类别　类型名　变量名;

7.9.2　用 auto 声明动态局部变量

函数中的局部变量,如不专门声明为 static 存储类别,都是动态地分配存储空间的,数据存储在动态存储区中。函数中的形参和在函数中定义的变量(包括在复合语句中定义的变量),

都属于此类。在调用该函数时系统会给它们分配存储空间,在函数调用结束时就自动释放这些存储空间。这类局部变量称为自动变量。自动变量用关键字 auto 进行存储类别的声明。关键字 auto 可以省略,隐含为自动存储类别,属于动态存储方式。例如:

```
int f(int a)              /*定义 f 函数, a 为参数*/
{
    auto int b,c=3;       /*定义 b、c 自动变量*/
    ……
}
```

a 是形参,b 和 c 是自动变量,对 c 赋初值 3。执行完 f 函数后,自动释放 a、b 和 c 所占用的存储单元。

7.9.3 用 static 声明静态局部变量

有时希望函数中局部变量的值在函数调用结束后不消失而保留原值,这时就应该指定局部变量为静态局部变量,用关键字 static 进行声明。

【例 7-12】查看静态局部变量的值。

```
#include<stdio.h>
int f(int a)
{
    auto int b=0;
    static int c=3;
    b=b+1;
    c=c+1;
    return(a+b+c);
}
int main()
{
    int a=2,i;
    for(i=0;i<3;i++)
        printf("%d\n",f(a));
    return 0;
}
```

程序运行结果如图 7-11 所示。

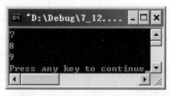

图 7-11 例 7-12 程序运行结果

静态局部变量和动态局部变量的区别如下。

(1) 静态局部变量属于静态存储类别，在静态存储区内分配存储单元。在程序整个运行期间都不释放空间；而自动变量(即动态局部变量)属于动态存储类别，占用动态存储空间，函数调用结束后立即释放空间。

(2) 静态局部变量在编译时赋初值，即只赋初值一次；而对自动变量赋初值是在函数调用时进行的，每调用一次函数重新赋一次初值，相当于执行一次赋值语句。

(3) 如果在定义局部变量时不赋初值，对静态局部变量来说，编译会自动赋初值0(对于数值型变量)或空字符(对于字符型变量)；而对自动变量来说，如果不赋初值则它的值是一个不确定的值。

7.9.4 用 register 声明寄存器变量

为了提高效率，C 语言允许将局部变量的值放在 CPU 的寄存器中，这种变量称为寄存器变量，用关键字 register 进行声明。

【例 7-13】使用寄存器变量。

```c
#include<stdio.h>
int fac(int n)
{
    register int i,f=1;
    for(i=1;i<=n;i++)
        f=f*i;
    return(f);
}
int main()
{
    int i;
    for(i=0;i<=5;i++)
        printf("%d!=%d\n",i,fac(i));
    return 0;
}
```

程序运行结果如图 7-12 所示。

图 7-12 例 7-13 程序运行结果

对该程序的说明如下。

(1) 只有局部自动变量和形参可以作为寄存器变量。

(2) 一个计算机系统中的寄存器数目有限，因此不能定义任意数量的寄存器变量。

(3) 局部静态变量不能定义为寄存器变量。

(4) 现在的计算机能够识别使用频繁的变量，从而自动将这些变量放在寄存器中，而不需要程序设计者指定。

注意:

用 auto、register、static 声明变量时，是在定义变量的基础上加上这些关键字，而不能单独使用。

7.9.5 用 extern 声明外部变量

外部变量(即全局变量)是在函数的外部定义的，它的作用域为从变量定义处开始，到本程序文件的末尾。如果外部变量不在文件的开头定义，其有效的作用域只限于定义处到文件末尾。如果在定义之前的函数想引用该外部变量，则应该在引用之前用关键字 extern 对该变量进行外部变量声明，表示该变量是一个已经定义的外部变量。有了此声明，就可以从声明处开始，合法地使用该外部变量。

【例 7-14】用 extern 声明外部变量，扩展程序文件中的作用域。

```
#include<stdio.h>
int max(int x,int y)
{
    int z;
    z=x>y?x:y;
    return(z);
}
int main()
{
    extern int a,b;
    printf("%d\n",max(a,b));
    return 0;
}
int a=13,b=-8;
```

程序运行结果如图 7-13 所示。在本程序文件的最后 1 行定义了外部变量 a，b。由于外部变量定义的位置在函数 main 之后，因此在 main 函数中不能直接引用外部变量 a，b。鉴于此，本程序在 main 函数中用 extern 对 a 和 b 进行了外部变量声明，这样从声明处开始，就可以合法地使用外部变量 a 和 b 了。

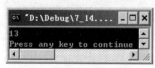

图 7-13　例 7-14 程序运行结果

注意:

用 extern 声明变量时,不是在定义变量的基础上加上该关键字,而是单独使用它。

7.10 习 题

一、选择题

1. C 语言规定,函数的返回值类型是( )。
   A. 由 return 语句中的表达式类型决定的
   B. 由调用该函数时的主调函数类型决定的
   C. 由系统决定的
   D. 由该函数定义时的类型决定的

2. 在进行函数声明时,下列( )项是不必要的。
   A. 函数的类型
   B. 函数参数类型和名称
   C. 函数名称
   D. 函数体

3. 以下对 C 语言函数的描述中,正确的是( )。
   A. C 程序由一个或一个以上的函数组成
   B. C 函数既可以嵌套定义又可以递归调用
   C. 函数必须有返回值,否则不能使用函数
   D. C 程序中具有调用关系的所有函数必须放在同一个程序文件中

4. C 程序中 main 函数的位置( )。
   A. 必须在最开始
   B. 必须在系统库函数后面
   C. 可以在自定义函数后面
   D. 必须在最后

5. 以下正确的函数定义形式是( )。
   A. double fun(int x,int y)
   B. double fun(int x;int y)
   C. double fun(int x,int y);
   D. double fun(int x,y);

6. 有以下程序:

```
#include <stdio.h>
int a=3;
int main(   )
{
```

```
    int s=0;
    {
        int a=5;
        s+=a++;
        printf("%d %d \n",a,s);
    }
    s+=a++;printf("%d %d \n",a,s);
    return 0;
}
```

程序运行后的输出结果是(   )。

A. 6　5　　　　　B. 5　6　　　　　C. 6　6　　　　　D. 5　6
　　4　8　　　　　　　6　11　　　　　　8　4　　　　　　8　7

7. 当一个函数无返回值时，函数的类型应定义为(   )。

A. void　　　　　B. 任意　　　　　C. int　　　　　D. 无

8. 在一个被调用函数中，下列关于 return 语句使用的描述，错误的是(   )。

A. 被调用函数中可以不用 return 语句

B. 被调用函数中，一个 return 语句可返回多个值给调用函数

C. 被调用函数中可以使用多个 return 语句

D. 被调用函数中，如果有返回值，就一定要有 return 语句

9. 在 C 语言中，以下不正确的说法是(   )。

A. 实参可以是常量、变量或表达式

B. 形参可以是常量、变量或表达式

C. 实参可以为任意类型

D. 形参应与对应的实参类型一致

10. C 语言的函数体由(   )括起来。

A. ( )　　　　　B. {}　　　　　C.[]　　　　　D./* */

11. C 语言规定，调用一个函数时，实参变量和形参变量之间的数据传递是(   )。

A. 地址传递

B. 由实参传给形参，并由形参传回给实参

C. 值传递

D. 由用户指定传递方式

12. C 语言中形参的默认存储类别是(   )。

A. 自动(auto)　　　　　　　　　B. 静态(static)

C. 寄存器(register)　　　　　　　D. 外部(extern)

13. 若已定义的函数有返回值，则以下关于该函数调用的叙述中错误的是(   )。

A. 函数调用可以作为独立的语句存在

B. 函数调用可以作为一个函数的实参

C. 函数调用可以出现在表达式中

D. 函数调用可以作为一个函数的形参

14. 若有以下函数定义：

```
int fun ()
{
    static int k=0;
    return ++k;
}
```

以下程序段运行后屏幕输出为(   )。

```
int i;
for (i=1;i<=5 i++)
    fun();
printf("%d",fun());
```

 A. 0   B. 1   C. 5   D. 6

二、填空题

1. 函数由_____和函数体两部分组成。
2. 函数体由符号对_____开始和结束。
3. C 程序执行的起点是_____。
4. _____是 C 程序的基本单位。
5. 函数的返回值是通过函数中的_____语句获得的。

三、程序分析题

请写出下列程序的运行结果。
1.

```
#include <stdio.h>
void func(int b[])
{
    int j;
    for(j=0;j<4;j++)
        b[j]=j;
}
int main()
{
    int a[4],i;
    func(a);
    for(i=0;i<4;i++)
        printf("%d",a[i]);
    return 0;
}
```

2.

```
int fun(int n)
{
    if (n>0)
        return (n* fun (n-2));
    else
        return (1);
}
int main()
{    int x;
    x=fun(5);
    printf("%d\n", x );
    return 0;
}
```

3.

```
int t(int x,int y,int cp,int dp)
{
    cp=x*x+y*y;
    dp=x*x-y*y;
}
int main()
{
    int a=4,b=3,c=5,d=6;
    t(a,b,c,d);
    printf("%d,%d\n",c,d);
    return 0;
}
```

四、程序填空题

1. 阅读以下程序并填空，该程序中递归函数 sum(int a[],int n)的返回值是数组 a[]的前 n 个元素之和。

```
int sum (int a[],int n)
{
    if (n>0)
        return (_____) ;
    else
        (_____);
}
```

2. 阅读以下程序并填空，该程序用于求阶乘的累加和：S=0!+1!+2!+…+n!。

```
#include<stdio.h>
long f(int n)
{
    int i;
    long s;
    s= (_____);
    for(i=1;i<=n;i++)
        s= (_____);
    return s;
}
int main()
{
    long s;
    int k,n;
    scanf("%d",&n);
    s= (_____);
    for(k=0;k<=n;k++)
        s=s+ (_____);
    printf("%ld\n",s);
    return 0;
}
```

3. 下列程序在主函数中输入和输出字符串，通过函数 ver 使输入的字符串按反序存放。请填空。

```
void ver(char    str[])
{
    char t;
    int    i,j;
    for( i=0,j=strlen(str);i<strlen(str)/2;i++,j--)
    {
        t=str[i];
        (_____) ;
        (_____) ;
    }
}
int main()
{
    char    str[100];
    scanf("%s",str);
    ver(str);
    printf("%s\n",str);
    return 0;
}
```

五、程序设计题

1. 编写一个函数，计算 x 的 n 次方。

2. 编写一个函数，计算 N!。

3. 编写计算斐波那契(Fibonacci)数列第 n 项的递归函数 fib(n)。斐波那契数列为 0,1,1,2,3,…。

4. 编写递归函数解决猴子吃桃问题。猴子第一天摘下若干个桃子，当即吃掉一半，还不过瘾，又多吃了一个。第二天早上又将剩下的桃子吃掉一半，又多吃了一个。以后每天早上都吃了前一天剩下的一半多一个。到第 10 天早上猴子想再吃时，见到只剩下一个桃子了。问：第一天猴子共摘了多少个桃子？

第 8 章

编译预处理

编译预处理功能是 C 语言特有的功能。当对一个源文件进行编译时，系统将自动引用预处理程序对源文件中的预处理部分进行处理，处理完毕后，才对源文件进行编译。

在前面各章中，已多次使用过以#号开头的预处理命令，如文件包含命令#include、宏定义命令#define 等。在源文件中，这些命令都放在函数之外，而且一般位于源文件的前面，它们被称为预处理部分。

C 语言提供了多种预处理功能，如宏定义、文件包含等。合理地使用预处理功能可使编写的程序便于阅读、修改、移植和调试，也有利于模块化程序设计。本章介绍常用的几种预处理功能。

8.1 宏定义

在 C 语言源文件中允许用一个标识符来表示一个符号串，称为宏。被定义为宏的标识符称为宏名。在编译预处理部分时，由预处理程序自动对程序中所有出现的宏名用宏定义中的符号串去代换，这称为宏代换或宏展开。

在 C 语言中，宏分为有参数和无参数两种。下面分别讨论这两种宏定义、宏调用和宏展开。

8.1.1 无参宏定义

宏定义是由源文件中的宏定义命令完成的。无参宏的宏名后不带参数。

1. 无参宏定义的一般形式

```
#define   标识符   符号串
```

凡是以#开头的均为预处理命令，define 为宏定义命令；标识符为所定义的宏名；符号串可以是常数、变量、函数或表达式等。

在前面介绍过的符号常量的定义就是一种无参宏定义。此外，程序中反复使用的表达式多被定义成宏。例如：

```
#define m (y+3)
```

它的作用是指定标识符 m 来代替表达式(y+3)。在编写源文件时，所有的(y+3)都可由 m 代替，而对源文件进行编译时，将先由预处理程序进行宏代换，即用(y+3)表达式去代换所有的宏名 m，然后再进行编译。

为了避免宏代换时发生错误，宏定义中的符号串应加括号。

【例 8-1】无参宏定义、宏调用与宏展开举例。

```
#include<stdio.h>
#define m (y+3)
int main()
{
    int s,y;
    printf("input a number:    ");
    scanf("%d",&y);
    s=3*m+4*m;
    printf("s=%d\n",s);
    return 0;
}
```

程序运行结果如图 8-1 所示。

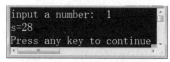

图 8-1   例 8-1 程序运行结果

该程序中首先进行宏定义，定义由 m 来替代表达式(y+3)，在 s=3*m+4*m 中进行了宏调用。在预处理时经宏展开后该语句变为：

s=3*(y+3)+4*(y+3);

要注意的是，在宏定义中表达式(y+3)两边的括号不能少。若该程序中的宏定义没有括号：

#difine m y+3

那么，在 s=3*m+4*m 调用后，进行宏展开时将得到下述语句：

s=3*y+3+4*y+3;

当输入 y 的值为 1 时，输出 s 的值为 13，这显然与有括号宏定义展开的结果不一样。因此，在进行宏定义时必须十分注意，应保证在宏代换之后与预期结果一致。

2. 宏定义的注意事项

(1) 宏定义是指用宏名来表示一个符号串，在宏展开时又以该符号串代换宏名，这只是一种简单的代换。符号串中可以包含任何字符，可以是常数，也可以是表达式。预处理程序对它不进行任何检查。如果宏定义有错误，只能在编译已被宏展开后的源文件时发现。

(2) 宏定义不是语句，在行末不必加分号，若加上分号则连分号也一起代换。

(3) 宏定义必须写在函数之外，其作用域为从宏定义命令开始到源文件结束为止。如果要终止其作用域可使用# undef 命令。例如：

```
#define PI 3.14159
int main()
{
    ……
    return 0;
}
#undef pi
f1()
{
    ……
}
```

表示 PI 只在 main 函数中有效，在 f1 中无效。

(4) 宏定义允许嵌套，在宏定义的符号串中可以使用已经定义的宏名。在宏展开时由预处理程序层层代换。例如：

```
#define PI 3.1415926
#define s PI*y*y            /* PI 是已定义的宏名*/
```

对语句：

```
printf("%f",s);
```

在宏代换后变为：

```
printf("%f",3.1415926*y*y);
```

(5) 习惯上，宏名用大写字母表示，以便区别于变量；但也允许用小写字母。

8.1.2　带参宏定义

C 语言允许宏带有参数。在宏定义中的参数称为形参，在宏调用中的参数称为实参。

对带参数的宏，在调用中不仅要进行宏展开，还要用实参去代换形参，而不是进行值传递。

1. 带参宏定义的一般形式

```
#define   宏名(形参列表)   符号串
```

在符号串中含有各个形参。

2. 带参宏调用的一般形式

```
宏名(实参列表);
```

例如：

```
#define m(y) y*y+3*y          /*宏定义*/
    ......
k=m(5);                       /*宏调用*/
    ......
```

在进行宏调用时，用实参 5 去代换形参 y，经预处理宏展开后的语句为：

```
k=5*5+3*5
```

【例 8-2】带参宏定义、宏调用与宏展开举例。

```
#include<stdio.h>
#define max(a,b) (a>b)?a:b
int main()
{
    int x,y,m;
    printf("input two numbers:     ");
    scanf("%d%d",&x,&y);
    m=max(x,y);
    printf("max=%d\n",m);
    return 0;
}
```

程序运行结果如图 8-2 所示。程序的第 2 行进行带参宏定义，用宏名 max 表示条件表达式 "(a>b)?a:b"，形参 a 和 b 均出现在条件表达式中。程序第 8 行 "m=max(x,y);" 为宏调用，实参 x 和 y 将代换形参 a 和 b。宏展开后该语句为：

```
m=(x>y)?x:y;
```

用于计算 x 和 y 中的大数。

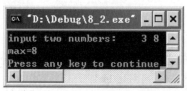

图 8-2 例 8-2 程序运行结果

3. 带参宏定义的注意事项

(1) 带参宏定义中，宏名和形参列表之间不能有空格出现。例如，将以下代码：

```
#define max(a,b) (a>b)?a:b
```

写为：

```
#define max    (a,b)    (a>b)?a:b
```

则被认为是无参宏定义，宏名 max 代表符号串 "(a,b) (a>b)?a:b"。宏展开时，宏调用语句：

m=max(x,y);

将变为：

m=(a,b) (a>b)?a:b(x,y);

这显然是错误的。

(2) 在带参宏定义中，形参不分配内存单元，因此不必进行类型定义。而宏调用中的实参有具体的值，用实参替代形参，因此实参必须进行类型声明。在函数中，形参和实参是两个不同的量，各有自己的作用域，调用时要把实参值赋给形参，进行值传递。而在带参宏中，只是符号代换，不存在值传递的问题。

(3) 在宏定义中的形参只能是标识符，而宏调用中的实参可以是表达式。

【例 8-3】实参为表达式的宏调用。

```
#include<stdio.h>
#define sq(y) (y)*(y)
int main()
{
    int a,sq;
    printf("input a number: ");
    scanf("%d",&a);
    sq=sq(a+1);
    printf("sq=%d\n",sq);
    return 0;
}
```

程序运行结果如图 8-3 所示。

该例中程序的第 2 行为宏定义，形参为 y。程序第 8 行宏调用中的实参为 a+1，是一个表达式，在宏展开时，用 a+1 代换 y，再用(y)*(y)代换 sq，得到如下语句：

图 8-3　例 8-3 程序运行结果

sq=(a+1)*(a+1);

宏代换中对实参表达式不进行计算而直接地照原样代换，这与函数的调用是不同的，函数调用时要把实参表达式的值求出来后再赋给形参。

(4) 为了使宏代换能够完成与函数调用预期相同的功能，宏定义中的符号串应加括号，字符中出现的形参也应加括号。

在宏定义中，符号串内的形参通常要用括号括起来。例 8-3 的表达式(y)*(y)中的 y 都用括号括起来，因此结果与函数调用预期结果一致。如果去掉括号，程序将如例 8-4 所示。

【例 8-4】形参未加括号时与函数调用的预期结果不一致。

```
#include<stdio.h>
#define sq(y) y*y
```

```
int main()
{
    int a,sq;
    printf("input a number: ");
    scanf("%d",&a);
    sq=sq(a+1);
    printf("sq=%d\n",sq);
    return 0;
}
```

程序运行结果如图 8-4 所示。同样输入 4，但结果却不是 25，为什么呢？这是由于代换只作符号代换而不作其他处理而造成的。宏代换后将得到以下语句：

```
sq=a+1*a+1;
```

图 8-4   例 8-4 程序运行结果

由于 a 为 4，故 sq 的值为 9。这显然与函数调用的预期结果不一致，因此参数两边的括号是不能少的。不过，仅在参数两边加括号还是不够的，请查看例 8-5。

【例 8-5】形参虽加括号但与函数调用的预期结果不一致。

```
#include<stdio.h>
#define sq(y) (y)*(y)
int main()
{
    int a,sq;
    printf("input a number: ");
    scanf("%d",&a);
    sq=150/sq(a+1);
    printf("sq=%d\n",sq);
    return 0;
}
```

本程序与前例相比，只把宏调用语句改为：

```
sq=150/sq(a+1);
```

运行本程序，若输入值仍为 4，函数调用的预期结果为 6，但宏代换运行结果如图 8-5 所示。

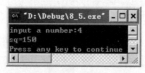

图 8-5   例 8-5 程序运行结果

为什么会得到这样的结果呢？分析宏调用语句，在宏代换之后变为：

```
sq=150/(a+1)*(a+1);
```

a 为 4 时，由于/和*运算符的优先级和结合性相同，因此先运算 150/(4+1)得到值 30，再运算 30*(4+1)最后得到值 150。

为了得到与函数调用相同的预期结果，应在宏定义中的整个符号串外加括号，对该程序的修改如例 8-6 所示。

【例 8-6】形参和符号串都加括号，与函数调用的预期结果相同。

```
#include<stdio.h>
#define sq(y) ((y)*(y))
int main()
{
    int a,sq;
    printf("input a number: ");
    scanf("%d",&a);
    sq=150/sq(a+1);
    printf("sq=%d\n",sq);
    return 0;
}
```

程序运行结果如图 8-6 所示。

图 8-6　例 8-6 程序运行结果

以上讨论说明，对于宏定义不仅需在参数两侧加括号，也要在整个符号串外加括号。

(5) 带参的宏和带参函数很相似，但有本质上的区别，把同一表达式用函数调用处理与用宏代换处理两者的结果有可能是不同的。

【例 8-7】函数调用的参数传递。

```
#include<stdio.h>
int main()
{
    int i=1;
    while(i<=5)
        printf("%d\n",sq(i++));
    return 0;
}
int sq(int y)
{
    return((y)*(y));
}
```

程序运行结果如图 8-7 所示。得到的结果是从 1～5 的各个数的平方值，每输出一个数的平方值，i 都加 1，为下一次做准备。

图 8-7　例 8-7 程序运行结果

【例 8-8】宏代换举例。

```
#include<stdio.h>
#define sq(y) ((y)*(y))
int main()
{
    int i=1;
    while(i<=5)
        printf("%d\n",sq(i++));
    return 0;
}
```

程序运行结果如图 8-8 所示。在例 8-7 中函数名为 sq，形参为 y，函数体表达式为((y)*(y))。在例 8-8 中宏名为 sq，形参也为 y，符号串表达式为((y)*(y))。例 8-7 的函数调用为 sq(i++)，例 8-8 的宏调用为 sq(i++)，实参也是相同的。而两例的输出结果却大不相同。

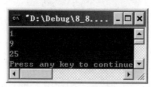

图 8-8　例 8-8 程序运行结果

下面对这两个示例进行分析。在例 8-7 中，函数调用是把实参 i 值传给形参 y 后自增 1。然后输出函数值。因而要循环 5 次，分别输出 1~5 的平方值。而在例 8-8 中进行宏调用时，只作代换。sq(i++)被代换为((i++)*(i++))。在第一次循环时，由于 i 等于 1，其计算过程为：按照优先级，先输出 1 乘 1 的结果 1，然后 i 自增两次变为 3；在第二次循环时，先输出 3 乘 3 的结果 9，然后 i 值再自增两次变为 5；进入第三次循环，先输出 5 乘 5 的结果 25，然后 i 再自增两次变为 7，此时不再满足循环条件，停止循环。

从以上分析可以看出，函数调用和宏调用两者在形式上虽然相似，但本质上却是完全不同的。

8.2　文件包含

文件包含是 C 预处理程序的另一个重要功能，它可用来把多个源文件连接成一个源文件进行编译，结果将生成一个目标文件。

1. 文件包含的一般形式

#include"文件名"或#include<文件名>

例如，以下写法都是允许的：

#include"stdio.h"
#include<math.h>

但是这两种形式是有区别的：使用尖括号表示在包含文件目录中去查找(包含文件目录是由用户在设置环境时设置的)，而不在源文件目录中去查找；使用双引号则表示首先在当前的源文件目录中查找，若未找到才到包含文件目录中去查找。用户编程时可根据自己文件所在的目录来选择某种命令形式。

2. 文件包含的功能

把指定的文件插入该命令位置取代该命令，从而把指定的文件和当前的源文件连接成一个源文件。

在程序设计中，文件包含是很有用的。可以将一个大的程序分为多个模块，由多个程序员分别编程。有些公用的符号常量或宏定义等可单独组成一个文件，在其他文件的开头用包含命令包含该文件即可使用。这样，可避免在每个文件开头都去书写那些公用量，从而能够节省时间并减少出错。

3. 使用文件包含时的注意事项

(1) 一个 include 命令只能指定一个被包含文件。若有多个文件要包含，则需用多个 include 命令。

(2) 文件包含允许嵌套，即在一个被包含的文件中又可以包含另一个文件。

8.3 习 题

一、选择题

1. 以下程序运行后，输出的结果是(　　　)。
    A. 49.5　　　　　　　B. 9.5　　　　　　　C. 22.0　　　　　　　D. 45.0

```
#include<stdio.h>
#define   PT   5.5
#define   S(x)   PT*x*x
int main()
{
    int a=1,b=2;
    printf("%f",S(a+b));
    return 0;
}
```

2. 以下程序的输出结果是(　　)。
   A. 11　　　　　B. 3　　　　　C. 36　　　　　D. 18

```c
#include<stdio.h>
#define   f(x)   x+x
int main()
{
    int   a=6 , b=2 , c;
    c=f(a)/f(b);
    printf("%d\n",c);
    return 0;
}
```

3. 以下程序的输出结果是(　　)。
   A. 9　　　　　B. 6　　　　　C. 36　　　　　D. 18

```c
#include<stdio.h>
#define   f(x)   x*x
int main()
{
    int   a=6 , b=2 , c;
    c=f(a)/f(b);
    printf("%d\n",c);
    return 0;
}
```

二、填空题

下面程序执行后的输出结果是_____。

```c
#include<stdio.h>
#define   MA(x)   x*(x-1)
int main()
{
    int a=1,b=2;
    printf("%d\n",MA(1+a+b));
    return 0;
}
```

182

第 9 章

用户自定义数据类型

  C 语言提供了一些由系统定义的基本数据类型，用户可以在程序中直接使用这些数据类型解决一般问题。但在实际工作中，人们要处理的问题往往比较复杂。仅使用这些数据类型，往往不能满足应用的需要。因此，C 语言允许用户自定义所需要的数据类型。

9.1 结构体类型

  在实际问题中，一组数据可能具有不同的数据类型。例如，在学生登记表中，姓名应为字符型；学号可为整型或字符型；成绩可为整型或实型。通常，用数组无法解决这类问题。C 语言提供结构体类型，它由若干成员组成，每个成员的类型可以是基本数据类型或者是结构体类型，各成员可以取不同的数据类型。在声明和使用之前必须先定义该类型。

9.1.1 结构体类型的定义

  结构体类型定义的一般形式如下：

```
struct 结构体类型名
{
    成员变量列表
};
```

  应注意括号后的分号是不可少的。成员变量列表由若干个成员变量组成，每个成员变量都是该结构体的一个组成部分。对每个成员变量也必须进行类型声明，其形式为：

```
类型声明符 成员变量名;
```

结构体类型名和成员变量名的命名应符合标识符的命名规则。例如：

```
struct stu
{
    int num;
    char name[20];
    float score;
};
```

在这个结构体类型定义中，结构体类型名为 stu，该结构体类型由 3 个成员变量组成。第一个成员变量为 num，它为整型变量；第二个成员变量为 name，它为字符数组；第三个成员变量为 score，它为实型变量。

定义结构体类型之后，就可以定义结构体变量了。凡声明为结构体类型的变量都由该结构体类型定义中的所有成员组成。由此可见，结构体类型是一种复杂的数据类型，是数目固定、类型不同的若干有序变量的集合。

9.1.2 结构体类型变量的定义

下面以上面定义的结构体类型 stu 为例来说明结构体类型变量的 3 种定义方法。

1. 先定义结构体类型，再定义结构体变量

例如，以下代码：

```
struct stu
{
    int num;
    char name[20];
    float score;
};
struct stu student1,student2;
```

定义了两个变量 student1 和 student2 为 stu 结构体类型。

2. 在定义结构体类型的同时定义结构体变量

定义的一般形式为：

```
struct  结构体类型名
{
    成员变量列表
}结构体类型变量列表;
```

例如：

```
struct stu
{
    int num;
    char name[20];
    float score;
}student1,student2;
```

3. 直接定义结构体变量

定义的一般形式为：

```
struct
{
```

```
    成员变量列表
}结构体类型变量列表;
```

例如：

```
struct
{
    int num;
    char name[20];
    float score;
}student1,student2;
```

第 3 种方法与第 2 种方法的区别在于第 3 种方法中省略了结构体类型名，直接给出了结构体类型变量列表。

3 种方法中定义的 student1 和 student2 变量都具有相同的结构体成员。定义了变量 student1 和 student2 为 stu 结构体类型后，即可向这两个变量中的各个成员变量赋值。在上述 stu 结构体类型定义中，所有的成员变量都是基本数据类型或数组类型。

成员也可以又是一个结构体类型，即构成了嵌套的结构体类型。例如，可给出以下结构体定义：

```
struct date
{
    int month;
    int day;
    int year;
};
struct
{
    char name[20];
    struct date birthday;
}person1,person2;
```

首先定义一个 date 结构体类型，由 month(月)、day(日)、year(年)3 个成员变量组成。在定义并声明变量 person1 和 person2 时，其中的成员变量 birthday 被声明为 date 结构体类型。

9.1.3　结构体类型变量的成员变量的表示方法

在程序中使用结构体类型变量时，除了允许具有相同类型的结构体类型变量相互赋值，一般对结构体类型变量的使用(包括赋值、输入、输出、运算等)，都是通过结构体类型变量的成员变量来实现的。

表示结构体类型变量的成员变量的一般形式是：

```
结构体类型变量名.成员变量名
```

例如：

```
student1.num        //即第 1 个学生的学号
```

如果成员变量本身又是一个结构体类型，则必须逐级找到最低级的成员变量才能使用。例如：

person1.birthday.month

表示第一个人出生月份的成员变量，可以在程序中单独使用。这一点与本书 2.3.3 节介绍的变量的使用方法完全相同。

9.1.4　结构体类型变量的成员变量的用法

结构体变量的赋值、输入和输出可以通过对其各成员分别进行赋值、输入和输出来实现。结构体变量的赋值就是给其各成员赋值。这可用输入语句或赋值语句来完成。

【例 9-1】给结构体变量赋值并输出。

```c
#include<stdio.h>
#include<string.h>
int main()
{
    struct stu
    {
        int num;
        char name[20];
        float score;
    } student1,student2;
    student1.num=2012102;
    strcpy(student1.name,"zhang li");
    printf("input score\n");
    scanf("%f",&student1.score);
    student2=student1;
    printf("number=%d\n",student2.num);
    printf("name=%s\n",student2.name);
    printf("score=%f\n",student2.score);
    return 0;
}
```

程序运行结果如图 9-1 所示。本程序中用赋值语句给 num 和 name 两个成员变量赋值，name 是一个字符串指针变量，用 scanf 函数动态地输入 score 成员变量的值，然后把 student1 的所有成员的值整体赋给 student2，最后分别输出 student2 的各个成员变量的值。

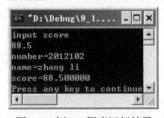

图 9-1　例 9-1 程序运行结果

9.1.5 结构体类型变量的初始化及整体赋值

与其他类型变量一样，对结构体类型变量可以在定义的同时进行初始化赋值。

【例 9-2】对结构体类型变量初始化并整体赋值给另一个同类型的结构体变量。

```
#include<stdio.h>
int main()
{
    struct stu         /*定义结构体*/
    {
        int num;
        char name[20];
        float score;
    }student2,student1={2012102,"zhang li",88.5};
    student2=student1;
    printf("number=%d\n",student2.num);
    printf("name=%s\n",student2.name);
    printf("score=%f\n",student2.score);
    return 0;
}
```

程序运行结果如图 9-2 所示。本例中，student2 和 student1 均被定义为外部结构体变量，并对 student1 进行了初始化赋值。在 main 函数中，把 student1 的值整体赋给 student2，然后用两个 printf 语句输出 student2 各成员变量的值。

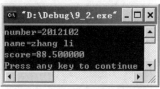

图 9-2　例 9-2 程序运行结果

9.1.6 结构体类型数组的定义和使用

数组的元素也可以是结构体类型，因此可以构成结构体类型数组。结构体类型数组的每一个元素都是具有相同结构体类型的下标结构体类型变量。在实际应用中，经常用结构体类型数组来表示具有相同数据结构体的一个群体，如一个班的学生档案，一个学院职工的工资表等。

定义结构体类型数组的方法和定义结构体类型变量的方法相似，只需定义它为数组类型即可。例如：

```
struct stu
{
    int num;
    char name[20];
    float score;
}student[3];
```

定义了一个结构体数组 student，该数组共有 3 个元素，student[0]~student[2]。每个数组元素都具有 struct stu 的结构体类型。

在定义结构体类型数组的同时也可以对它进行初始化赋值。例如：

```
struct stu
{
    int num;
    char name[20];
    float score;
}student[3]={{2012101,"li ping",45}, {2012102,"zhang ping",62.5}, {2012103,"he fang",92.5}};
```

当对全部元素进行初始化赋值时，也可以不给出数组长度。

【例 9-3】计算学生的平均成绩和不及格的人数。

```
#include<stdio.h>
struct stu
{
    int num;
    char name[20];
    float score;
} student[3]={{2012101,"li ping",45}, {2012102,"zhang ping",62.5}, {2012103,"he fang",92.5}};
int main()
{
    int i,c=0;
    float ave,s=0;
    for(i=0;i<3;i++)
    {
        s+=student[i].score;
        if(student[i].score<60) c+=1;
    }
    printf("s=%f\n",s);
    ave=s/3;
    printf("average=%f\ncount=%d\n",ave,c);
    return 0;
}
```

程序运行结果如图 9-3 所示。本例程序中定义了一个外部结构体数组 student，共包含 3 个元素，并进行了初始化赋值。在 main 函数中用 for 语句逐个累加各元素的 score 成员变量的值，并将累加和存于 s 中，若 score 的值小于 60(不及格)，即计数器 c 加 1，循环完毕后计算平均成绩，并输出全班总分、平均分及不及格人数。

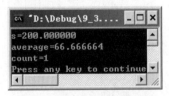

图 9-3　例 9-3 程序运行结果

9.2 共用体类型

有时，用户想用同一段内存单元存放不同类型的变量。几个不同类型的变量共享同一段内存的结构，称为共用体类型的结构。

9.2.1 共用体类型的定义

共用体类型也是一种构造而成的数据类型，在声明和使用之前必须先定义该类型变量。定义共用体类型变量的一般形式为：

```
union   共用体名
{
    成员变量列表
}共用体变量列表;
```

例如：

```
union Data
{
    int i;
    char ch;
}a,b;
```

共用体与结构体的定义形式相似，但它们的含义是不同的。结构体变量所占内存长度是各成员占用的内存长度之和，每个成员分别占有自己的内存单元。而共用体变量所占的内存长度等于最长的成员的长度，所有成员共用同一内存单元。

9.2.2 共用体类型变量的使用

只有定义了共用体变量后才能引用它。但应注意，不能引用共用体变量，而只能引用共用体变量中的成员，如a.i。

在使用共用体类型数据时，要注意以下一些特点。

(1) 同一个内存段可以用来存放几种不同类型的成员，但在每一瞬时只能存放其中一个成员，而不能同时存放多个。

(2) 可以对共用体变量初始化，但初始化列表中只能有一个常量。

(3) 共用体变量中起作用的成员是最后一次被赋值的成员，在对共用体变量中的一个成员赋值后，原有变量在存储单元中的值就被取代。

(4) 共用体变量的地址和它的各成员的地址相同。

(5) 不能对共用体变量名赋值，也不能企图引用变量名来得到一个值。

(6) 允许共用体变量作为函数参数。

(7) 共用体类型可以出现在结构体类型定义中，也可以定义共用体数组。反之，结构体也可以出现在共用体类型定义中，数组也可以作为共用体的成员。

【例9-4】假设有若干个学生和教师的数据。学生的数据中包括：姓名、号码、职业、班级。教师的数据包括：姓名、号码、职业、职务。要求用一个表格来处理。

解题思路：学生和教师的数据项多数是相同的，但有一项不同。现要求把它们放在同一表格中，如表9-1所示。

表9-1 学生和教师信息表

name	num	job	clas / posi	
Li	101	s	501	
Wang	102	t		prof

如果job项为s，则第4项为clas，说明Li是501班的。如果job项是t，则第5项为posi，说明Wang是prof(教授)。

程序如下：

```
#include <stdio.h>
struct
{
    int num;
    char name[10];
    char job;
    union
    {
        int clas;
        char posi [10];
    }cate;
}p[2];
int main()
{
    int i;
    for(i=0;i<2;i++)
    {
        scanf("%d %c %s",&p[i].num,&p[i].job,&p[i].name);
        if(p[i].job=='s')
            scanf("%d",&p[i].cate.clas);
        else if(p[i].job=='t')
            scanf("%s",p[i].cate.posi);
        else
            printf("Input error!");
    }
    printf("\n");
    for(i=0;i<2;i++)
```

```
            if(p[i].job == 's')
                    printf("%d %s %c %d\n",p[i].num,p[i].name,p[i].job,p[i].cate.clas);
            else
                    printf("%d %s %c %d\n",p[i].num,p[i].name,p[i].job,p[i].cate.posi);
            return 0;
}
```

程序运行结果如图 9-4 所示。

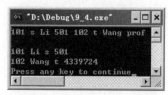

图 9-4　例 9-4 程序运行结果

9.3　枚举类型

在实际问题中,有些变量的取值被限定在一个有限的范围内。例如,一周只有 7 天。C 语言提供了一种基本数据类型来实现限定,即枚举类型。在枚举类型的定义中列举出所有可能的取值,被声明为该枚举类型的变量的取值不能超过所定义的范围。

9.3.1　枚举类型的定义

枚举类型定义的一般形式为:

enum 枚举名{枚举值列表};

在枚举值列表中罗列出了所有可用值,这些值也称为枚举元素。例如:

enum weekday{sun,mon,tue,wed,thu,fri,sat};

该枚举名为 weekday,枚举值共有 7 个,即一周中的 7 天。凡被声明为 weekday 类型变量的取值只能是 7 天中的某一天。

9.3.2　枚举类型变量的定义

如同结构体类型变量的定义一样,枚举类型变量的定义也可采用以下 3 种不同的方式。
设有变量 a 和 b 被声明为上述的 weekday,可采用下述任何一种定义方式:

1. 先定义枚举类型后定义枚举类型变量

例如:

enum weekday{sun,mon,tue,wed,thu,fri,sat};
enum weekday a,b;

2. 同时定义枚举类型和枚举类型变量

这种定义形式一般为：

enum 枚举类型名{枚举值列表}枚举类型变量列表;

例如：

enum weekday{sun,mon,tue,wed,thu,fri,sat}a,b;

3. 直接定义枚举类型变量

这种定义形式一般为：

enum {枚举值列表}枚举类型变量列表;

例如：

enum {sun,mon,tue,wed,thu,fri,sat}a,b;

9.3.3 枚举类型变量的使用

1. 枚举类型的使用规定

(1) 枚举值是常量，不是变量，所以不能在程序中用赋值语句再对它赋值。

例如，对枚举类型 weekday 的元素再进行以下赋值：

sun=5;

就是错误的。

(2) 枚举类型元素本身由系统定义了一个表示序号的数值，从 0 开始，顺序定义为 0、1、2、…。例如在 weekday 中，sun 的值为 0、mon 的值为 1、…、sat 的值为 6 等。

【例 9-5】枚举类型变量的使用。

```c
#include<stdio.h>
int main()
{
    enum weekday
    { sun,mon,tue,wed,thu,fri,sat } a,b;
    a=sun;
    b=mon;
    printf("%d,%d\n",a,b);
    return 0;
}
```

程序运行结果如图 9-5 所示。

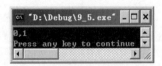

图 9-5 例 9-5 程序运行结果

2. 枚举类型的使用说明

(1) 只能把枚举值赋给枚举变量，不能把元素的数值直接赋给枚举变量。例如：

a=sum;

是正确的。而：

a=0;

是错误的。

(2) 若一定要把数值赋给枚举变量，就必须使用强制类型转换。例如：

a=(enum weekday)2;

其含义是将顺序号为 2 的枚举元素数值赋给枚举变量 a，相当于：

a=tue;

(3) 枚举元素不是字符型常量也不是字符串型常量，使用时不必加单引号或双引号。

【例 9-6】枚举元素不加单引号或双引号。

```c
#include<stdio.h>
int main()
{
    enum body
    { a,b,c,d } month[31],j;
    int i;
    j=a;
    for(i=1;i<=30;i++)
    {
        month[i]=j;
        j++;
        if (j>d) j=a;
    }
    for(i=1;i<=30;i++)
    {
        switch(month[i])
        {
            case a:printf(" %2d    %c\t",i,'a'); break;
            case b:printf(" %2d    %c\t",i,'b'); break;
            case c:printf(" %2d    %c\t",i,'c'); break;
            case d:printf(" %2d    %c\t",i,'d'); break;
            default:break;
        }
    }
    printf("\n");
    return 0;
}
```

程序运行结果如图9-6所示。

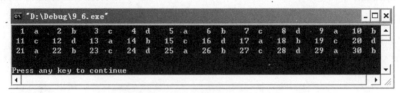

图9-6　例9-6程序运行结果

9.4　类型声明符 typedef

C 语言不仅提供了丰富的数据类型，还允许由用户自定义类型声明符，也就是说允许用户为数据类型取别名，使用类型声明符 typedef 可完成此功能。

1. typedef 定义的一般形式

typedef 原类型名 新类型名;

例如，int 的完整写法为 integer，为了增强程序的可读性，可把整型说明符用 typedef 定义为：

typedef int integer;

以后就可用 integer 来代替 int 作为整型变量的类型声明了。例如：

integer a,b;

等效于：

int a,b;

2. 用 typedef 定义结构体等类型

用 typedef 定义结构体等类型将带来很大的方便，不仅使程序书写简单而且使意义更为明确，因而增强了可读性。例如：

```
typedef struct stu
{
    int num;
    char name[20];
    float score;
} stud;
```

定义 stud 表示 stu 结构体类型，然后可用 stud 来声明结构体变量：

stud student1,student2;

3. 可用宏定义来代替 typedef 的功能

宏定义是由预处理完成的,而 typedef 则是在编译时完成的,所以后者的使用更为灵活方便。例如:

```
#define integer int;
```

在程序中可用 integer 来定义整型变量:

```
integer a,b;
```

应注意用宏定义表示数据类型和用 typedef 定义数据声明符是有区别的。

宏定义只是简单的字符串代换,是在预处理阶段完成的;而 typedef 是在编译共用体时处理的,它不是进行简单的代换,而是对类型声明符重命名。被命名的标识符具有类型定义的功能。请看下面的例子:

```
#define pin1 int *
typedef (int *) pin2;
```

从形式上看这两者相似,但在实际使用中却不相同。

下面用 pin1,pin2 声明变量时就可以看出它们之间的区别。

```
pin1 a,b;
```

在宏代换后变成:

```
int *a,b;
```

表示 a 是指向整型的指针变量,而 b 是整型变量。

然而,下例所示:

```
pin2 a,b;
```

表示 a 和 b 都是指向整型的指针变量,因为 pin2 是一个类型声明符。

由这个例子可见,宏定义虽然也可表示数据类型,但毕竟只是进行字符代换。在使用时要分外小心,以避免出错。

9.5　习　题

一、选择题

1. 代码定义如下:

```
struct complex
{    int   real, unreal ;} datal={1,8},data2;
```

则以下赋值语句中错误的是(　　)。

    A. data2=data1;　　　　　　　　　　B. data2=(2,6);

    C. data2.real=data1.real;　　　　　　D. data2.real=data1.unreal;

2. 若有以下语句

```
typedef struct S
{int g; char h;}T;
```

以下叙述中正确的是(　　)。

    A. 可用 S 定义结构体变量

    B. 可用 T 定义结构体变量

    C. S 是 struct 类型的变量

    D. T 是 struct S 类型的变量

3. 已知学生记录描述为:

```
struct student
  {
    int no;
    char name[20];
    char sex;
    struct
    {
        int year;
        int month;
        int day;
    }birth;
}s;
```

设变量 s 中的生日是 1984 年 11 月 11 日,下列对生日的正确赋值方式是(　　)。

    A. year=1984;　month=11;　day=11;

    B. birth.year=1984;　birth.month=11;　birth.day=11;

    C. s.year=1984;　s.month=11;　s.day=11;

    D. s.birth.year=1984;　s.birth.month=11;　s.birth.day=11;

4. 根据下面的定义,能输出字符串 Li 的语句是(　　)。

```
struct person
{
    char name[10];
    int age;
}class[10]={"Zhang",18, "Li",17, "Ma",18, "Huang",18};
```

    A. printf("%s\n",class[2].name);

    B. printf("%s\n",class[2].name[0]);

    C. printf("%s\n",class[1].name);

    D. printf("%s\n",class[1].name[0]);

5. 若有以下说明，则对初始值中整数 2 的引用方式是(　　)。

```
struct xxx
{
    char ch;
    int i;
    double x;
} arr[3][3]={{'a',3,45},{'b',2,7.98},{'c',3,1.93}};
```

    A. arr[0][1].ch　　　　B. arr[0][1].i　　　　C. arr[1][0].i　　　　D. arr[0][2].i

6. 以下枚举类型名的定义中正确的是(　　)。

    A. enum a={one,two,three};　　　　　B. enum a {one=9,two=-1,three};

    C. enum a={"one","two","three"};　　　D. enum a {"one","two","three"};

7. 当定义一个结构体变量时，系统分配给它的内存是(　　)。

    A. 各成员所需内存量的总和　　　　B. 结构体中第一个成员所需的内存量

    C. 成员中占内存量最大者所需的内存量　D. 结构体中最后一个成员所需的内存量

8. 有以下程序：

```
#include <studio.h>
#include <string.h>
struct A
{
    int a;
    char b[10];
    double c;
};
void f(struct A t);
int main()
{
    struct A a={1001,"ZhangDa",1098.0};
    f(a);
    printf("%d,%s,%6.1f\n",a.a,a.b,a.c);
    return 0;
}
void f(struct A t)
{
    t.a=1002;
    strcpy(t.b,"ChangRong");
    t.c=1202.0;
}
```

程序运行后的输出结果是(　　)。

    A. 1001,ZhangDa,1098.0　　　　　　B. 1002,ChangRong,1202.0

    C. 1001,ChangRong,1098.0　　　　　D. 1002,ZhangDa,1202.0

二、填空题

1. 使多个不同的变量共占同一段内存的结构，称为_____类型的结构。

2. C 的结构体类型有数组、_____和共用体。

3. 定义类型 COLOR 为具有 5 种颜色(用英语单词表示颜色)的枚举类型，其定义语句为_____。

三、程序分析题

1. 分析以下程序，写出运行结果。

```
#define NAMESIZE 20
#define ADDRSIZE 100
struct birthday
{
    int year;
    int month;
};
struct person
{
    char name[NAMESIZE];
    struct birthday date;
    char address[ADDRSIZE];
    long zipcode;
};
struct person p={"YangDeZhong",{1984,12},"JiLin road",130021};
int main()
{
    printf("%d,%d\n",p.date.year,p.date.month);
    return 0;
}
```

2. 分析以下程序，写出运行结果。

```
int main()
{
    union
    {
        char  i[2];
        int   k;
    } r;
    r.i[0]=2;  r.i[1]=0;
    printf("%d\n",r.k);
    return 0;
}
```

第 10 章

指　针

指针是 C 语言中广泛使用的一种数据类型，运用指针编程是 C 语言最主要的风格之一。利用指针变量可以表示各种数据结构，可以很方便地使用数组和字符串，并能像汇编语言一样处理内存地址，从而编写出简洁而高效的程序。指针极大地丰富了 C 语言的功能，是 C 语言中最重要的一环，能否正确理解和使用指针是评价是否掌握了 C 语言的一个标志。同时，指针也是 C 语言中最难学的一部分。在学习中，除了要正确理解基本概念，还必须多编程、多上机调试。

10.1　指针的基本概念

为了正确地访问内存单元，必须为每个内存单元编号。根据一个内存单元的编号即可准确地找到该内存单元，内存单元的编号也叫作内存单元的地址。

因为根据内存单元的地址就可以找到所需的内存单元，所以通常也把这个地址称为指针，即指针就是地址。内存单元的地址和内存单元的内容是两个不同的概念，内存单元的地址即为指针，其中存放的数据才是该单元的内容。

在 C 语言中，允许用一个变量来存放指针，这种变量称为指针变量。因此，一个指针变量的值就是某个内存单元的地址或称为某内存单元的指针。为了避免混淆，约定如下：指针是指地址，是常量；指针变量是指取值为地址的变量。定义指针的目的是通过指针访问内存单元。

在 C 语言中，一种数据类型或数据结构往往都占有一组连续的内存单元。用地址这个概念并不能很好地描述一种数据类型或数据结构，而指针虽然实际上也是一个地址，但它却是一个数据结构的首地址，它是指向一个数据结构的，因而概念更为清楚，表意更为明确。指针存谁的地址就指向谁，指针必须有明确指向才能使用。

10.2 指向变量的指针变量

变量的指针就是变量的地址。存放变量地址的变量就是指针变量。在 C 语言中，允许用一个变量来存放指针，这种变量称为指针变量。因此，一个指针变量的值就是某个变量的地址或称为某变量的指针。

10.2.1 指针变量的定义

对指向变量的指针变量的定义包括以下 3 个内容：

(1) 指针类型声明符，即定义变量为一个指针变量；

(2) 指针变量名；

(3) 指针所指向的变量的数据类型。

定义指针变量的一般形式为：

```
类型声明符  *指针变量名;
```

其中，*表示这是一个指针变量，类型声明符表示指针变量所指向的变量的数据类型。例如：

```
int *p1;
```

表示 p1 是一个指针变量，指向一个整型变量。

至于 p1 究竟指向哪一个整型变量，应由赋给 p1 的地址来决定。

应该注意的是，一个指针变量只能指向同类型的变量，如 p1 只能指向整型变量，不能时而指向一个整型变量，时而又指向一个字符型变量。

10.2.2 指针运算符

指针变量同简单变量一样，使用之前不仅要定义，而且必须赋给具体的值。未经赋值的指针变量不能使用，否则将导致系统混乱，甚至死机。指针变量的赋值只能赋给地址，绝不能赋给任何其他数据，否则将引起错误。

在 C 语言中，变量的地址是由编译系统分配的，用户并不知道变量地址的具体值。

1. 取地址运算符&

取地址运算符&是单目运算符，其结合性为自右向左，其功能是取变量的地址。

(1) 取地址运算符&的一般形式

```
&变量名;
```

如&a 表示变量 a 的地址，变量本身必须预先声明。

(2) 指针变量的赋值方法

设有指向整型变量的指针变量 p，若要把整型变量 a 的地址赋给 p 则有以下 3 种方法。

① 指针变量初始化

定义指针变量的同时对其进行初始化。

```
int a=5;
int *p=&a;   //定义的同时把整型变量 a 的地址赋给整型指针变量 p
```

此时可以说指针 p 指向变量 a，即变量 a 中存放的内容为整型值 5，指针 p 中存放的是整型变量 a 的地址。

② 将变量地址赋给指针变量

把一个变量的地址赋给指向相同数据类型的指针变量。

```
int a;
int *p;        //定义指向整型的指针变量 p
p=&a;          //把整型变量 a 的地址赋给整型指针变量 p
```

这里定义了一个整型变量 a，还定义了一个指向整型数的指针变量 p。a 中可存放整数，而 p 中只能存放整型变量的地址。把 a 的地址赋给 p，此时指针变量 p 指向整型变量 a。被赋值的指针变量前不能再加*指针符，若写成*p=&a;就错了。

③ 指针变量间相互赋值

把一个指针变量的值赋给指向相同类型变量的另一个指针变量。例如：

```
int a,*pa=&a,*pb;
pb=pa;         //把 a 的地址赋给指针变量 pb
```

由于 pa 和 pb 均为指向整型变量的指针变量，因此可以相互赋值。

注意：

不允许把一个数值赋给指针变量，故下面的赋值是错误的。

```
int *p;
p=1000;
```

2. 取内容运算符*

取内容运算符*是单目运算符，其结合性为自右向左，用来表示指针变量所指的变量。在*运算符之后跟随的变量必须是指针变量。

(1) 可以通过指针变量间接访问变量

需要注意的是，指针运算符*和指针变量定义中的指针符*不是一回事。在指针变量定义中，*是类型声明符，表示其后的变量是指针类型。而表达式中出现的*则是一个运算符，用于表示指针变量所指的变量。

【例 10-1】指针变量的初始化。

```
#include<stdio.h>
int main()
{
    int a=5,*p=&a;
    printf("%d\n",*p);
    return 0;
}
```

程序运行结果如图 10-1 所示。表示指针变量 p 取得了整型变量 a 的地址。运算符*访问以 p 为地址的存储区域，而 p 中存放的是变量 a 的地址，因此，*p 访问的就是 a 所占用的存储区域，所以 printf("%d",*p)语句表示输出变量 a 的值。

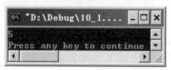

图 10-1　例 10-1 程序运行结果

通过指针访问它所指向的一个变量，是以间接访问的形式进行的，所以比直接访问一个变量要费时间，而且不直观。原因在于：通过指针要访问哪一个变量，取决于指针的值(即指向)。由于指针是变量，因此可以通过改变它的指向来间接访问不同的变量，这给程序员带来了灵活性，也使程序代码的编写变得更为简洁和有效。

【例 10-2】将变量地址赋给指针变量。

```c
#include<stdio.h>
int main()
{
    int a,b;
    int *pointer_1, *pointer_2;
    a=100;b=10;
    pointer_1=&a;
    pointer_2=&b;
    printf("%d,%d\n",a,b);
    printf("%d,%d\n",*pointer_1, *pointer_2);
    return 0;
}
```

程序运行结果如图 10-2 所示。对程序的说明如下：在开头处虽然定义了两个指针变量 pointer_1 和 pointer_2，但它们并未指向任何一个整型变量，只是提供了两个指针变量，规定它们可以指向整型变量；然后使 pointer_1 指向 a，pointer_2 指向 b；最后，*pointer_1 和*pointer_2 就是变量 a 和 b。由此可见，两个 printf 函数的作用是相同的。

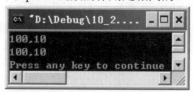

图 10-2　例 10-2 程序运行结果

(2) 值可改变

指针变量和普通变量一样，存放在它们中的值是可以改变的，也就是说可以改变它们的指向。

【例 10-3】输入 a 和 b 两个整数，按先大后小的顺序输出 a 和 b。

```
#include<stdio.h>
int main()
{
    int *p1,*p2,*p,a,b;
    scanf("%d,%d",&a,&b);
    p1=&a;p2=&b;
    if(a<b)
    { p=p1;p1=p2;p2=p; }        //指针交换
    printf("a=%d,b=%d\n",a,b);
    printf("max=%d,min=%d\n",*p1, *p2);
    return 0;
}
```

程序运行结果如图 10-3(a)所示，程序分析过程如图 10-3(b)所示。

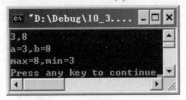

图 10-3(a)   例 10-3 程序运行结果

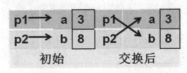

图 10-3(b)   例 10-3 分析过程

(3) 可出现在表达式中

指针变量可出现在表达式中，设有：

```
int x,y,*px=&x;
```

指针变量 px 指向整数 x，则*px 可出现在 x 能出现的任何地方。例如：

```
y=*px+5;        //表示把 x 的内容加 5 后再赋给 y
```

10.2.3 指针变量作为函数参数

函数的参数不仅可以是整型、实型、字符型、数组元素、数组名等数据，还可以是指针类型。它的作用是将一个变量的地址传给另一个函数的形参。

【例 10-4】本例同例 10-3 一样，即把输入的两个整数按大小顺序输出。现在用函数进行处理且用指针类型的数据作为函数参数。

```
#include<stdio.h>
void swap(int *p1,int *p2)
{
    int t;
    t=*p1; *p1=*p2; *p2=t;        //内容交换
}
int main()
{
```

```
    int a,b;
    int *p_1,*p_2;
    printf("请输入两个整数：");
    scanf("%d,%d",&a,&b);
    p_1=&a;p_2=&b;
    if(a<b) swap(p_1,p_2);
    printf("max=%d,min=%d\n",*p_1,*p_2);
    printf("max=%d,min=%d\n",a,b);
    return 0;
}
```

程序运行结果如图 10-4(a)所示。对程序的说明如下：void swap 是用户定义的函数，它的作用是交换两个变量(a 和 b)的值，其形参 p1、p2 是指针变量。程序运行时，先执行 main 函数，输入 a 和 b 的值；然后将 a 和 b 的地址分别赋给指针变量 p_1 和 p_2，使 p_1 指向 a，p_2 指向 b；接着执行 if 语句，由于 a<b，因此执行 void swap 函数。分析过程如图 10-4(b)所示。

图 10-4(a) 例 10-4 程序运行结果

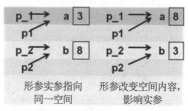

图 10-4(b) 例 10-4 分析过程

注意：

实参 p_1 和 p_2 是指针变量，在函数调用时，将实参变量的值传递给形参变量，采用的依然是值传递方式。形实结合后，形参 p1 的值为&a，p2 的值为&b，这时 p1 和 p_1 指向变量 a，p2 和 p_2 指向变量 b；接着执行 void swap 函数的函数体，使*p1 和*p2 的值互换，也就是使 a 和 b 的值互换。函数调用结束后，p1 和 p2 不复存在(已释放)；最后在 main 函数中输出的 a 和 b 的值是已交换过的值。请注意*p1 和*p2 值的交换过程。

【例 10-5】不能试图通过改变指针形参的值而使指针实参的值改变。

```
#include<stdio.h>
void swap(int *p1,int *p2)
{
    int *p;
    p=p1; p1=p2; p2=p;    //指针交换
}
int main()
{
    int a,b;
    int *p_1,*p_2;
    printf("请输入两个整数：");
    scanf("%d,%d",&a,&b);
```

```
    p_1=&a;p_2=&b;
    if(a<b) swap(p_1,p_2);
    printf("max=%d,min=%d\n",*p_1,*p_2);
    printf("max=%d,min=%d\n",a,b);
    return 0;
}
```

程序运行结果如图 10-5(a)所示。形参指针值的改变不影响实参指针值的改变，分析过程如图 10-5(b)所示。

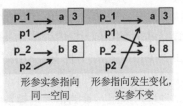

图 10-5(a)　例 10-5 程序运行结果　　　　图 10-5(b)　例 10-5 分析过程

【例 10-6】输入 3 个整数：a、b、c，按从大到小的顺序输出。

```
#include<stdio.h>
void swap(int *pt1,int *pt2)
{
    int temp;
    temp=*pt1; *pt1=*pt2; *pt2=temp;    //内容交换
}
void sort(int *q1,int *q2,int *q3)
{
    if(*q1<*q2) swap(q1,q2);
    if(*q1<*q3) swap(q1,q3);
    if(*q2<*q3) swap(q2,q3);
}
int main()
{
    int a,b,c,*p1,*p2,*p3;
    scanf("%d,%d,%d",&a,&b,&c);
    p1=&a;p2=&b; p3=&c;
    sort(p1,p2,p3);
    printf("%d,%d,%d \n",a,b,c);
    return 0;
}
```

程序运行结果如图 10-6 所示。

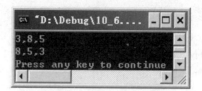

图 10-6 例 10-6 程序运行结果

10.3 指向数组的指针变量

　　一个数组是由连续的一块内存单元组成的，数组名就是这块连续内存单元的首地址。一个数组也是由各个数组元素(下标变量)组成的，每个数组元素按其类型不同占有几个连续的内存单元，一个数组元素的首地址是指它所占有的几个内存单元的首地址。所谓数组的指针，是指数组的起始地址，数组元素的指针是指数组元素的地址。指向数组的指针变量就是存储数组首地址的变量。

10.3.1 指向数组的指针变量的定义与赋值

1. 指向数组的指针变量的定义形式

指向数组的指针变量与指向简单变量的指针变量的定义格式相同，如下：

```
类型声明符  *指针变量名;
```

其中，类型声明符表示所指向数组的类型。例如：

```
int a[10];      //定义 a 为包含 10 个整型数据的数组
int *p;         //定义 p 为指向整型变量的指针
```

应当注意，因为数组为 int 型，所以指针变量也应为指向 int 型的指针变量。

2. 指向数组的指针变量的赋值

(1) 将数组首元素的地址赋给指针变量

```
p=&a[0];
```

把 a[0]元素的地址赋给指针变量 p。也就是说，p 指向 a 数组的第 0 号元素。

(2) 将数组名赋给指针变量

C 语言规定，数组名代表数组的首地址，也就是第 0 号元素的地址。

```
p=a;
```

(3) 在定义指针变量的同时进行初始化

```
int *p=&a[0];
int *p=a;
```

　　p、a、&a[0]均指向同一单元，它们是数组 a 的首地址，也是第 0 号元素 a[0]的首地址。应该说明的是：p 是指针变量，而 a 和&a[0]都是地址常量，在编程时应注意。

10.3.2　通过指针变量引用数组元素

1. 指向数组的指针变量加减一个整数 n 的含义

　　设 p 是指向数组 a 的指针变量，则 p+n、p-n、p++、++p、p--、--p 运算都是合法的。指针变量加或减一个整数 n 的含义是把指针指向的当前位置(指向某数组元素)向前或向后移动 n 个位置。

　　如果 p 的初值为&a[0]，则可得出以下几点：

　　(1) p+i 和 a+i 就是 a[i]的地址，或者说它们指向 a 数组的第 i 个元素。

　　(2) *(p+i)或*(a+i)就是 p+i 或 a+i 所指向的数组元素，即 a[i]。例如，*(p+5)或*(a+5)就是 a[5]。

　　(3) 指向数组的指针变量也可以带下标，例如，p[i]与*(p+i)等价。

2. 引用数组元素的方法

　　(1) 下标法

　　即用 a[i]形式访问数组元素。在前面介绍数组时都是采用这种方法。

　　【例 10-7】输出数组中的全部元素(下标法)。

```
#include<stdio.h>
int main()
{
    int a[5],i;
    for(i=0;i<5;i++)
        a[i]=i;
    for(i=0;i<5;i++)
        printf("a[%d]=%d\n",i,a[i]);
    return 0;
}
```

　　程序运行结果如图 10-7 所示。

图 10-7　例 10-7~例 10-10、例 10-12 程序运行结果

　　(2) 指针固定法

　　即采用*(a+i)或*(p+i)形式，用间接访问的方法来访问数组元素。其中，a 是数组名，p 是指向数组首元素的指针变量。

【例 10-8】输出数组中的全部元素(通过数组名计算元素的地址，找出元素的值)。

```c
#include<stdio.h>
int main()
{
    int a[5],i;
    for(i=0;i<5;i++)
        *(a+i)=i;
    for(i=0;i<5;i++)
        printf("a[%d]=%d\n",i,*(a+i));
    return 0;
}
```

程序运行结果如图 10-7 所示，分析过程如图 10-8 所示。

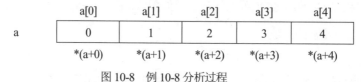

图 10-8　例 10-8 分析过程

【例 10-9】输出数组中的全部元素(用指针变量指向数组首元素，指针变量不动)。

```c
#include<stdio.h>
int main()
{
    int a[5],i,*p;
    p=a;
    for(i=0;i<5;i++)
        *(p+i)=i;
    for(i=0;i<5;i++)
        printf("a[%d]=%d\n",i,*(p+i));
    return 0;
}
```

程序运行结果如图 10-7 所示，分析过程如图 10-9 所示。

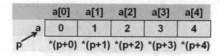

图 10-9　例 10-9 分析过程

(3) 指针移动法

即采用*p++形式，用间接访问的方法来访问数组元素。其中，a 是数组名，p 是指向数组各元素的指针变量。

【例 10-10】输出数组中的全部元素(用指针变量指向数组中的各元素，指针变量移动)。

```c
#include<stdio.h>
int main()
```

```
{
    int a[5],i,*p=a;
    for(i=0;i<5; i++,p++)
    {
        *p=i;
        printf("a[%d]=%d\n",i,*p);
    }
    return 0;
}
```

程序运行结果如图 10-7 所示，分析过程如图 10-10 所示。

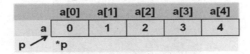

图 10-10　例 10-10 分析过程

3. 两个指针变量之间的相减运算

只有指向同一数组的两个指针变量之间才能进行相减运算，否则运算毫无意义。

两个指针变量相减所得之差是指两个指针所指数组元素之间相差的元素个数。实际上，该值是指两个指针值(地址)相减之差再除以该数组元素的长度(字节数)的商。

例如，pf1 和 pf2 是指向同一浮点数组的两个指针变量，设 pf1 的值为 2010h，pf2 的值为 2000h，浮点数组的每个元素占 4 字节，所以 pf1-pf2 的结果为(2000h-2010h)/4=4，表示 pf1 和 pf1 之间相差 4 个元素。两个指针变量不能进行加法运算，如 pf1+pf2 毫无意义。

4. 两个指针变量的关系运算

指向同一数组的两个指针变量可以进行关系运算，可表示它们所指向的数组元素的位置关系。例如，pf1==pf2 表示 pf1 和 pf2 指向同一数组元素；pf1>pf2 表示 pf1 处于高地址位置；pf1<pf2 表示 pf1 处于低地址位置。

5. 使用指向数组的指针变量时的注意事项

(1) 指针变量可以实现自身值的改变，而数组名是数组的首地址，是常量。如 p++是合法的，而 a++是不合法的。

(2) 要注意指针变量的当前值。

【例 10-11】阅读下面的程序，找出其中的错误。

```
#include<stdio.h>
int main()
{
    int *p,i,a[5];
    p=a;
    for(i=0;i<5;i++)
        *p++=i;
```

```
        for(i=0;i<5;i++)
            printf("a[%d]=%d\n",i,*p++);
    return 0;
}
```

程序运行结果如图 10-11 所示。可以看出，第一个 for 循环通过指针移动法实现给数组的 5 个元素赋值。循环结束后，指针 p 已加 1 指向下标为 5 的数组元素了，所以第二个 for 循环输出的并不是数组 a 的前 5 个赋值过的元素，而是下标为 5~9 的未被赋值的元素。虽然定义数组 a 时指定它包含 5 个元素，但指针变量可以指到数组以后的内存单元，系统并不认为这是非法的。

图 10-11　例 10-11 程序运行结果

【例 10-12】改正例 10-11 中的错误，使程序能够正确地输出数组元素。

```
#include<stdio.h>
int main()
{
    int *p,i,a[5];
    p=a;
    for(i=0;i<5;i++)
        *p++=i;
    p=a;
    for(i=0;i<5;i++)
        printf("a[%d]=%d\n",i,*p++);
    return 0;
}
```

程序运行结果如图 10-7 所示。可以看出，第一个 for 循环通过指针移动法实现给数组的 5 个元素赋值。循环结束后，指针 p 已加 1 指向下标为 5 的数组元素了。然后给指针重新赋值为 a，所以第二个 for 循环输出的是数组 a 的前 5 个赋值过的元素。

(3) 对于*p++，由于++和*的优先级相同，结合方向自右向左，因此等价于*(p++)。

(4) *(p++)与*(++p)的作用不同。

(5) (*p)++表示 p 所指向的元素值加 1。

(6) 如果 p 当前指向 a 数组中的第 i 个元素，则*(p--)相当于 a[i--]，*(++p)相当于 a[++i]，*(--p)相当于 a[--i]。

10.3.3 指向数组的指针变量作为函数参数

数组名可以作为函数的实参和形参。在学习指针变量之后就更容易理解这个问题了。数组名就是数组的首地址，实参向形参传递数组名实际上就是传递数组的首地址，形参得到该地址后也指向同一数组。

同样，指针变量的值也是地址，指向数组的指针变量的值即为数组的首地址，当然也可作为函数的参数使用。

【例 10-13】用指向数组的指针变量作为函数的实参和形参，改写例 7-6。

```c
#include<stdio.h>
void inc(int *pa)
{
    int i;
    for(i=0;i<5;i++,pa++)
      *pa+=10;
}
int main()
{
    int i,sco[5],*ps=sco;
    printf("input 5 scores:\n");
    for(i=0;i<5;i++)
      scanf("%d",&sco[i]);
    inc(ps);
    printf("output 5 scores:\n");
    for(i=0;i<5;i++)
      printf("%d\t",sco[i]);
    printf("\n");
    return 0;
}
```

程序运行结果与例 7-6 的结果相同，如图 7-7(a)所示。本程序定义的函数 inc 的一个形参为指向整型的指针变量 pa。在函数 inc 中，通过指针移动法将指针 pa 指向的各元素的值加 10。主函数 main 中首先完成数组 sco 的输入，然后以指向数组 sco 的指针变量 ps 作为实参调用 inc 函数，参数传递过程是将实参指针 ps 中存放的数组 sco 的首地址传递给形参指针 pa，使它们共同指向同一数组 sco。所以，主程序输出的实参数组元素的值是已经在函数 inc 中变化后的值。从运行情况可以看出，程序实现了指向数组的指针作为参数，完成形参与实参的双向地址传递功能，如图 10-12 所示。

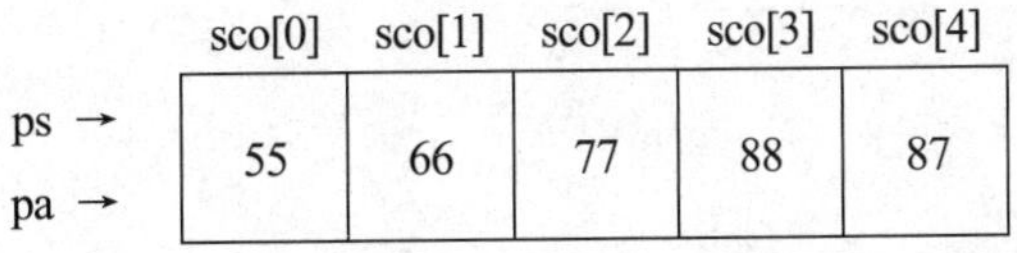

	sco[0]	sco[1]	sco[2]	sco[3]	sco[4]
ps → pa →	55	66	77	88	87

图 10-12　例 10-13 指向数组的指针变量作为实参和形参完成双向地址传递

【例 10-14】对例 10-13 可以进行一些改动。形参用数组，实参仍然用指向数组的指针变量。

```
#include<stdio.h>
void inc(int a[5])
{
    int i;
    for(i=0;i<5;i++)
        a[i]+=10;
}
int main()
{
    int i,sco[5],*ps=sco;
    printf("input 5 scores:\n");
    for(i=0;i<5;i++)
        scanf("%d",&sco[i]);
    inc(ps);
    printf("output 5 scores:\n");
    for(i=0;i<5;i++)
        printf("%d\t",sco[i]);
    printf("\n");
    return 0;
}
```

程序运行结果与例 7-6 的结果相同，如图 7-7(a)所示。本程序定义的函数 inc 的一个形参为数组 a。在函数 inc 中，通过下标法将数组 a 的各元素值加 10。主函数 main 中首先完成数组 sco 的输入，然后以指向数组 sco 的指针变量 ps 作为实参调用 inc 函数，参数传递过程是将实参指针 ps 中存放的数组 sco 的首地址传递给形参数组 a，使它们共同指向同一数组 sco。所以，主程序输出的实参数组元素的值是已经在函数 inc 中变化后的值。从运行情况可以看出，程序实现了指向数组的指针作为参数，完成形参与实参的双向地址传递功能，分析过程如图 10-13 所示。

	sco[0]	sco[1]	sco[2]	sco[3]	sco[4]
ps →	55	66	77	88	87
	a[0]	a[1]	a[2]	a[3]	a[4]

图 10-13　例 10-14 指向数组的指针变量作为实参和数组作为形参完成双向地址传递

【例 10-15】对例 10-14 可以进行一些改动。将形参改成指向数组的指针变量，实参改成数组。

```
#include<stdio.h>
void inc(int *pa)
{
    int i;
    for(i=0;i<5;i++,pa++)
        *pa+=10;
```

```
}
int main()
{
    int i,sco[5];
    printf("input 5 scores:\n");
    for(i=0;i<5;i++)
        scanf("%d",&sco[i]);
    inc(sco);
    printf("output 5 scores:\n");
    for(i=0;i<5;i++)
        printf("%d\t",sco[i]);
    printf("\n");
    return 0;
}
```

程序运行结果与例 7-6 的结果相同，如图 7-7(a)所示。本程序定义的函数 inc 的一个形参为指向整型的指针变量 pa。在函数 inc 中，通过指针移动法将指针 pa 指向的各元素的值加 10。主函数 main 中首先完成数组 sco 的输入，然后将数组名 sco 作为实参调用 inc 函数，参数传递过程是将实参数组 sco 的首地址传递给形参指针 pa，使它们共同指向同一数组 sco。所以，主程序输出的实参数组元素的值是已经在函数 inc 中变化后的值。从运行情况可以看出，程序实现了指向数组的指针作为参数，完成形参与实参的双向地址传递功能，分析过程如图 10-14 所示。

	sco[0]	sco[1]	sco[2]	sco[3]	sco[4]
pa →	55	66	77	88	87

图 10-14　例 10-15 指向数组的指针变量作为形参和数组作为实参完成双向地址传递

归纳起来，如果有一个实参数组，想在函数中改变此数组元素的值，实参与形参的对应关系有以下 4 种。

(1) 实参和形参都是数组名。

(2) 实参用数组，形参用指针变量。

(3) 实参和形参都用指针变量。

(4) 实参为指针变量，形参为数组名。

【例 10-16】用选择法对 10 个整数排序。

```
#include<stdio.h>
void sort(int *x,int n);
int main()
{
    int *p,i,a[10]={3,7,9,11,0,6,7,5,4,2};
    printf("the original array:\n");
    for(i=0;i<10;i++)
        printf("%d ",a[i]);
    printf("\n");
```

```
        p=a;
        sort(p,10);
        printf("the sorted array:\n");
        for(p=a,i=0;i<10;i++,p++)
            printf("%d ",*p);
        printf("\n");
        return 0;
}
void sort(int *x,int n)
{
        int i,j,k,t;
        for(i=0;i<n-1;i++)
        {
            k=i;
            for(j=i+1;j<n;j++)
                if(x[j]>x[k])k=j;
            if(k!=i)
            {t=x[i];x[i]=x[k];x[k]=t;}
        }
}
```

程序运行结果如图 10-15 所示。

图 10-15 例 10-16 程序运行结果

10.3.4 多维数组的地址和指向多维数组的指针变量

本小节以二维数组为例介绍指向多维数组的指针变量。

1. 多维数组的地址

设有整型二维数组 a[3][4]的定义为：

```
int a[3][4]={{0,1,2,3},{4,5,6,7},{8,9,10,11}}
```

C 语言把一个二维数组分解为多个一维数组来处理。因此，数组 a 可分解为 3 个一维数组，即 a[0]、a[1]、a[2]。每个一维数组又含有 4 个元素。例如，a[0]数组含有 4 个元素：a[0][0]、a[0][1]、a[0][2]、a[0][3]。二维数组按行存储。

数组及数组元素的地址表示如下。

设数组 a 的首地址为 1000，从二维数组的角度来看，a 是二维数组名，a 代表整个二维数组的首地址，也是二维数组第 0 行的首地址，等于 1000。a[0]是第一个一维数组的数组名和首地址，因此也为 1000。*(a+0)或*a 是与 a[0]等效的，它表示一维数组 a[0]的第 0 号元素的首地址，也为 1000。&a[0][0]是二维数组 a 的第 0 行第 0 列元素的首地址，同样是 1000。因此，a、*a、a[0]、&a[0]、&a[0][0]是等同的。

同理，a+1 是二维数组第 1 行的首地址，等于 1008。a[1]是第二个一维数组的数组名和首地址，因此也为 1008。&a[1][0]是二维数组 a 的第 1 行的第 0 列元素的首地址，也是 1008。因此，a+1、*(a+1)、a[1]、&a[1]、&a[1][0]是等同的。

由此可得出：a+i、*(a+i)、a[i]、&a[i]、&a[i][0]是等同的。

在二维数组中，不能把&a[i]理解为元素 a[i]的地址，原因在于根本就不存在元素 a[i]。C 语言规定，它是一种地址计算方法，表示数组 a 的第 i 行元素的首地址。

a[0]也可以看成是 a[0]+0，是一维数组 a[0]的第 0 号元素的首地址，而 a[0]+1 则是 a[0]的第 1 号元素的首地址，由此可得出 a[i]+j 则是一维数组 a[i]的第 j 号元素的首地址，它等同于&a[i][j]。

由 a[i]=*(a+i)可得 a[i]+j=*(a+i)+j。由于*(a+i)+j 是二维数组 a 的第 i 行第 j 列元素的首地址，因此，该元素的值等于*(*(a+i)+j)。

【例 10-17】多维数组地址的表示方法举例。

```c
#include<stdio.h>
int main()
{
    int a[3][4]={0,1,2,3,4,5,6,7,8,9,10,11};
    printf("%d, %d, %d, %d, %d\n",a,*a,a[0] ,&a[0] ,&a[0][0]); //元素 a[0][0]的地址
    printf("%d, %d, %d, %d, %d\n",a+1,*(a+1) ,a[1] ,&a[1] ,&a[1][0]); //元素 a[1][0]的地址
    printf("%d, %d\n ",a[1]+1,*(a+1)+1); //元素 a[1][1]的地址
    printf("%d,%d\n",*(a[1]+1),*(*(a+1)+1)); //元素 a[1][1]的内容
    return 0;
}
```

程序运行结果如图 10-16 所示。因为一个 int 元素占 4 字节空间，一行 4 个元素，即每行有 16 字节空间，所以 a[1][0]的地址 1244968 等于 a[0][0]的地址 1244952 加上 16，而 a[1][1]的地址 1244972 等于 a[1][0]的地址 1244968 加上 4。需要注意的是，数组在内存中存放的位置会发生变化，但一个数组的所有元素在内存中是连续存放的，即首地址确定后，其他元素的地址就可以计算出来了。

图 10-16　例 10-17 程序运行结果

2. 指向多维数组的指针变量

定义指向二维数组的指针变量的一般形式为:

类型声明符　(*指针变量名)[长度]

其中,类型声明符为所指数组的数据类型。"*"表示其后的变量是指针类型。长度表示二维数组分解为多个一维数组时,一维数组的长度,也就是二维数组的列数。应注意(*指针变量名)两边的括号不可少,若缺少括号则表示是指针型数组(将在 10.5 节中介绍),意义就完全不同了。

例如,定义:

int (*p)[4];

表示 p 是一个指针变量,它指向包含 4 个元素的多个一维数组。若指向第一个一维数组 a[0],其值等于 a、a[0]或&a[0][0]等。而 p+i 则指向一维数组 a[i]。从前面的分析可得出,*(p+i)+j 是二维数组第 i 行第 j 列的元素的首地址,而*(*(p+i)+j)则是第 i 行第 j 列元素的值。

【例 10-18】指向多维数组的指针变量。

在输出函数中调用语句*(*(p+i)+j)来表示二维数组第 i 行第 j 列的元素的值,代码如下:

```c
#include<stdio.h>
int main()
{
    int a[3][4]={ 1,2,3,4,5,6,7,8,9,10,11,12};
    int(*p)[4];
    int i,j;
    p=a;
    for(i=0;i<3;i++)
    {
        for(j=0;j<4;j++)
            printf("%2d ",*(*(p+i)+j)); //*(*(p+i)+j)表示第 i 行第 j 列元素的值
        printf("\n");
    }
    return 0;
}
```

程序运行结果如图 10-17 所示。

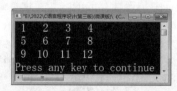

图 10-17　【例 10-18】程序运行结果

【例 10-19】将例 10-18 改写为在运行过程中通过键盘为二维数组 a 的各元素赋值。

在输入函数中调用语句*(p+i)+j 来表示二维数组第 i 行第 j 列的元素的首地址,代码如下:

```
#include<stdio.h>
int main()
{
    int a[3][4];
    int(*p)[4];
    int i,j;
    p=a;
    for(i=0;i<3;i++)
        for(j=0;j<4;j++)
            scanf ("%d",*(p+i)+j);                //*(p+i)+j 表示第 i 行第 j 列元素的地址
    for(i=0;i<3;i++)
    {
        for(j=0;j<4;j++)
            printf("%2d ",*(*(p+i)+j)); //*(*(p+i)+j)表示第 i 行第 j 列元素的值
        printf("\n");
    }
    return 0;
}
```

程序运行结果如图 10-18 所示。

图 10-18　例 10-19 程序运行结果

10.3.5　字符串的地址和指向字符串的指针变量

1. 访问字符串的方法

(1) 用字符数组存放一个字符串

【例 10-20】用字符数组存放一个字符串,然后输出该字符串。

```
#include<stdio.h>
int main()
{
    char string[]="I like programming!";   //初始化
    printf("%s\n",string);
    return 0;
}
```

程序运行结果如图 10-19 所示。

图 10-19　例 10-20 程序运行结果

说明：

string 是数组名，它代表字符数组的首地址。

(2) 用指针变量指向一个字符串

① 可以把字符串的首地址赋给指向字符类型的指针变量。例如：

```
char *pc;
pc="c language";  //只有指向字符类型的指针变量才可以直接赋值为字符串，而字符型数组不可以
```

或用初始化赋值的方法写为：

```
char *pc="c language";
```

这里应说明，并不是把整个字符串存入指针变量，而是把存放该字符串的字符数组的首地址存入指针变量。

【例 10-21】用指针变量指向一个字符串。

```
#include<stdio.h>
int main()
{
    char *string="I like programming!";   //初始化
    printf("%s\n",string);
    return 0;
}
```

程序运行结果如图 10-19 所示。首先定义 string 是一个字符串指针变量，然后把字符串的首地址赋给 string(应写出整个字符串，以便编译系统把该串存入连续的一块内存单元)，并把首地址送入 string。

【例 10-22】输出字符串中 n 个字符后的所有字符。

```
#include<stdio.h>
int main()
{
    char *ps="this is a book about programming";      //初始化
    int n=10;
    ps=ps+n;
    printf("%s\n",ps);
    return 0;
}
```

程序运行结果如图 10-20 所示。在程序中对 ps 初始化时，即把字符串首地址赋给 ps，当 ps=ps+10 之后，ps 指向字符 b，因此输出结果为 "book about programming"。

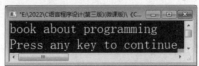

图 10-20　例 10-22 程序运行结果

【例 10-23】本例是将指针变量指向一个格式字符串，在 printf 函数中，用于输出二维数组的各种地址表示的值。但在 printf 语句中用指针变量 pf 代替了格式串，这也是程序中常用的方法。

```c
#include<stdio.h>
int main()
{
    int a[3][4]={0,1,2,3,4,5,6,7,8,9,10,11};
    char *pf;
    pf="%d,%d,%d,%d,%d\n";
    printf(pf,a,*a,a[0],&a[0],&a[0][0]);
    printf(pf,a+1,*(a+1),a[1],&a[1],&a[1][0]);
    printf("%d,%d\n",a[1]+1,*(a+1)+1);
    printf("%d,%d\n",*(a[1]+1),*(*(a+1)+1));
    return 0;
}
```

程序运行结果如图 10-21 所示。分析过程见例 10-17。

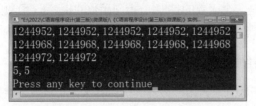

图 10-21　例 10-23 程序运行结果

② 指向字符串的指针变量的定义与指向字符变量的指针变量的定义相同，只能根据对指针变量赋值的不同来区别。对指向字符变量的指针变量应赋给该字符变量的地址，例如：

```c
char c,*p=&c;
```

表示 p 是一个指向字符变量 c 的指针变量。
而

```c
char *s="c language";
```

等效于

```
char *s;
s="c language";
```

表示 s 是一个指向字符串的指针变量，把字符串的首地址赋给 s。

2. 使用指向字符串的指针变量与字符数组的区别

使用字符数组和指向字符串的指针变量都可实现字符串的存储和运算，但是两者是有区别的。在使用时应注意以下问题：

(1) 指向字符串的指针变量本身是一个变量，用于存放字符串的首地址；而字符数组是一块连续的内存空间，即它用来存放整个字符串。

(2) 指向字符串的指针变量"char *ps="c language";"可以写为"char *ps;ps="c language";"；而字符数组"char st[]="c language";"不能写为"char st[20];st="c language";"，只能对字符数组的各元素逐个赋值。

(3) 指向字符串的指针可以改变，如可以执行 ps=ps+5;，但字符数组不能改变，如不能执行 st=st+5;。

从以上几点可以看出指向字符串的指针变量与字符数组在使用时的区别，同时也可以看出使用指针变量更加方便。

10.4 指向函数的指针变量和指针型函数

在C语言中，指针就是地址，它不仅可以是变量的地址(指向变量的指针)或数组的首地址(指向数组的指针)，还可以是一个函数的首地址(指向函数的指针)。函数的返回值可以是基本数据类型、构造数据类型、空数据类型，也可以是指针类型(指针型函数)。

10.4.1 指向函数的指针变量

在C语言中，一个函数总是占用一段连续的内存区，而函数名就是该函数所占内存区的首地址。可以把函数的这个首地址(或称入口地址)赋给一个指针变量，使该指针变量指向该函数。然后通过指针变量就可以找到并调用这个函数。这种指向函数的指针变量称为函数指针变量。

1. 定义指向函数的指针变量的形式

C语言中定义指向函数的指针变量的一般形式为：

```
类型声明符   (*指针变量名)();
```

其中，类型声明符表示被指向函数返回值的类型；(*指针变量名)表示"*"后面的变量是定义的指针变量；最后的空括号表示指针变量所指的是一个函数。

2. 把函数的入口地址赋给指向函数的指针变量

例如：

```
int(*pf)();
```

```
pf=f;      /*f为函数名*/
```

表示 pf 是一个指向函数 f 入口的指针变量，该函数的返回值(函数值)是整型，然后通过 pf 实现对函数 f 的调用。

3. 用指针调用函数的一般形式

C 语言中用指针调用函数的一般形式为：

```
(*指针变量名)(实参列表)
```

【例 10-24】用指针形式实现对函数的调用。

```
#include<stdio.h>
int max(int a,int b)
{
    if(a>b)
        return a;
    else
        return b;
}
int main()
{
    int max(int a,int b);
    int(*pmax)(int,int);     //定义 pmax 为指向函数的指针变量
    int x,y,z;
    pmax=max;      //将被调函数的入口地址(函数名)赋给该指针变量
    printf("input two numbers:\n");
    scanf("%d%d",&x,&y);
    z=(*pmax)(x,y);      //用指向函数的指针变量调用函数
    printf("maxmum=%d\n",z);
    return 0;
}
```

程序运行结果如图 10-22 所示。

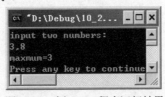

图 10-22　例 10-24 程序运行结果

4. 使用指向函数的指针变量调用函数的步骤

(1) 先定义指向函数的指针变量，如 int (*pmax)();。

(2) 将被调函数的入口地址(函数名)赋给该指针变量，如 pmax=max;。

(3) 用指向函数的指针变量调用函数，如 z=(*pmax)(x,y);。

5. 使用指向函数的指针变量时的注意事项

(1) 指向函数的指针变量不能进行算术运算，这与指向数组的指针变量不同。指向数组的指针变量加减一个整数可使指针移动，指向后面或前面的数组元素，而指向函数的指针的移动是毫无意义的。

(2) 函数调用中(*指针变量名)的两边的括号不可少，其中的"*"不应该理解为求值运算。在此处，它只是一种表示符号。

10.4.2 指针型函数

前面介绍过，所谓函数类型，是指函数返回值的类型。在 C 语言中，允许一个函数的返回值是一个指针(即地址)。这种能够返回指针值的函数称为指针型函数。

1. 定义指针型函数的一般形式

C 语言中定义指针型函数的一般形式如下：

```
类型声明符 *函数名(形参列表)
{
    ......        /*函数体*/
}
```

其中，函数名之前加了*号表明这是一个指针型函数，即返回值是一个指针。类型声明符表示返回的指针值所指向的数据类型。例如：

```
int *ap(int x,int y)
{
    ......        /*函数体*/
}
```

ap 是一个返回指针值的指针型函数，它返回的指针指向一个整型变量。

【例 10-25】通过指针型函数，输入一个 1~7 范围内的整数，输出对应的星期名。

```
#include<stdio.h>
#include<stdlib.h>
int main()
{
    int i;
    char *day_name(int n);
    printf("input day no:\n");
    scanf("%d",&i);
    if(i<0) exit(1);
    printf("day no:%2d-->%s\n",i,day_name(i));
    return 0;
}
char *day_name(int n)
{
```

```
char *name[]={"illegal day","monday","tuesday","wednesday",
              "thursday","friday","saturday","sunday"};
return((n<1||n>7)?name[0]:name[n]);
}
```

　　程序运行结果如图 10-23 所示。本例中定义了一个指针型函数 day_name，它的返回值指向一个字符串。该函数中定义了一个指针型数组 name。name 数组初始化赋值为 8 个字符串，分别表示各个星期名及出错提示。形参 n 表示与星期名所对应的整数。在主函数中，把输入的整数 i 作为实参，在 printf 语句中调用 day_name 函数并把 i 值传递给形参 n。day_name 函数中的 return 语句包含一个条件表达式，若 n 值大于 7 或小于 1，则把 name[0]指针返回主函数，输出出错提示字符串"illegal day"；否则返回主函数并输出对应的星期名。主函数中的第 7 行是一个条件语句，其语义是，若输入为负数(i<0)则中止程序运行并退出程序。exit 是一个库函数，它是在 stdlib.h 中定义的，所以需要包含此头函数。exit(1)表示发生错误后退出程序，exit(0)表示正常退出。

图 10-23　例 10-25 程序运行结果

2. 指向函数的指针变量和指针型函数在写法和含义上的区别

　　(1) int (*p)()是一个变量定义，声明 p 是一个指向函数入口的指针变量，该函数的返回值是整型值，(*p)中的括号不能少。

　　(2) int *p()则不是变量定义而是函数定义，定义 p 是一个指针型函数，其返回值是一个指向整型量的指针，*p 两边没有括号。作为函数定义，在括号内最好写入形参，这样便于与变量定义相区别。对于指针型函数定义，int *p()只是表示函数首部，一般还应该有函数体部分。

10.5　指针型数组和指向指针的指针变量

　　一个数组的元素类型可以是整型(整型数组)或字符型(字符型数组)，也可以是指针类型(指针型数组)。指针型数组是一组有序的指针的集合。指针型数组的所有元素都必须是具有相同存储类型和指向相同数据类型的指针变量。

10.5.1　指针型数组的定义及使用

1. 定义指针型数组的一般形式

定义指针型数组的一般形式如下：

类型声明符　*数组名[数组长度]

其中，类型声明符为指针所指向的值的类型。例如：

int *pa[3];

表示 pa 是一个指针型数组,它包含 3 个数组元素,每个元素值都是一个指针,指向整型变量。

【例 10-26】通常,指针型数组中的每个元素被赋予二维数组每一行的首地址,即让指针型数组指向一个列数组的各元素,每列又指向一个行数组。

```c
#include<stdio.h>
int main()
{
    int a[3][3]={1,2,3,4,5,6,7,8,9};
    int *pa[3]={a[0],a[1],a[2]};
    int i,j;
    for(i=0;i<3;i++)
    {
        for(j=0;j<3;j++)
            printf("%d,%d\t",a[i][j],*(*(a+i)+j));
        printf("\n");
    }
    for(i=0;i<3;i++)
    {
        for(j=0;j<3;j++)
            printf("%d,%d\t",pa[i][j],*(*(pa+i)+j));
        printf("\n");
    }
    return 0;
}
```

程序运行结果如图 10-24 所示。本例程序中,pa 是一个指针型数组,3 个元素分别指向二维数组 a 的各行;然后用循环语句输出数组元素。其中,*(*(a+i)+j)和*(*(pa+i)+j)都表示第 i 行第 j 列的元素值。可以通过对比,仔细领会元素值的各种不同的表示方法。

图 10-24　例 10-26 程序运行结果

2. 指针型数组和二维数组指针变量的区别

这两者虽然都可用来表示二维数组,但是其表示方法和含义是不同的。

(1) 二维数组指针变量是单个的变量,其一般形式中*指针变量名两边的括号不可少。例如:

```c
int (*p)[3];
```

表示指向二维数组的指针变量。该二维数组为 3 列或分解为一维数组的长度为 3。

(2) 指针型数组表示多个指针。在一般形式中，*指针型数组名两边不能有括号。
例如：

```
int *p[3];
```

表示 p 是一个指针型数组，有 3 个下标变量 p[0]、p[1]、p[2]，它们均为指针变量。

3. 指针型数组常用来表示一组字符串

指针型数组的每个元素被赋予一个字符串的首地址。指向字符串的指针型数组的初始化更
为简单。在例 10-25 中采用了指针型数组来表示一组字符串。其初始化赋值语句为：

```
char *name[]={"illegal day","monday","tuesday","wednesday", "thursday","friday","saturday","sunday"};
```

完成这个初始化赋值之后，name[0]指向字符串"illegal day"，name[1]指向"monday"。

4. 指针型数组可以用作函数参数

【例 10-27】指针型数组作为指针型函数的参数。

```
#include<stdio.h>
#include<stdlib.h>
char *day_name(char *name[],int n)
{
    char *pp1,*pp2;
    pp1=*name;
    pp2=*(name+n);
    return((n<1||n>7)? pp1:pp2);
}
int main()
{
    char *name[]={"illegal day","monday","tuesday","wednesday",
                "thursday","friday","saturday","sunday"};
    char *ps;
    int i;
    printf("input day no:\n");
    scanf("%d",&i);
    if(i<0) exit(1);
    ps=day_name(name,i);
    printf("day no:%2d-->%s\n",i,ps);
    return 0;
}
```

程序运行结果如图 10-23 所示。在主函数中，定义了一个指针型数组 name，并对 name 进
行了初始化赋值，其每个元素都指向一个字符串；然后又以 name 为实参调用指针型函数
day_name，在调用时把数组名 name 赋给形参变量 name，将输入的整数 i 作为第二个实参赋给
形参 n。在 day_name 函数中定义了两个指针变量:pp1 和 pp2,pp1 被赋予 name[0]的值(即*name),

pp2 被赋予 name[n]的值(即*(name+n))。由条件表达式来决定是将 pp1 还是将 pp2 指针返回给主函数中的指针变量 ps，最后输出 i 和 ps 的值。

【例 10-28】输入 5 个国家名，并按字母顺序排列后输出。

程序如下：

```c
#include<stdio.h>
#include"string.h"
void sort(char *name[],int n)
{
    char *pt;
    int i,j,k;
    for(i=0;i<n-1;i++)
    {
        k=i;
        for(j=i+1;j<n;j++)
            if(strcmp(name[k],name[j])>0) k=j;
        if(k!=i)
        {
            pt=name[i];
            name[i]=name[k];
            name[k]=pt;
        }
    }
}
int main()
{
    char *name[]={"China","America","Canada","France","German"};
    int i,n=5;
    sort(name,n);
    for (i=0;i<n;i++)
        printf("%s\n",name[i]);
    return 0;
}
```

程序运行结果如图 10-25 所示。把所有的字符串存放在一个数组中，把这些字符数组的首地址放在一个指针型数组中，当需要交换两个字符串时，只需交换指针型数组相应元素的内容(地址)即可，而不必交换字符串本身。

图 10-25　例 10-28 程序运行结果

本程序定义了一个名为 sort 的函数用于排序，其形参为指针型数组 name，即为待排序的各字符串数组的指针；形参 n 为字符串的个数。主函数 main 中，定义了指针型数组 name 并进行了初始化赋值，然后调用 sort 函数完成排序之后输出结果。在 sort 函数中，对两个字符串进行比较，采用了 strcmp 函数，strcmp 函数允许参与比较的字符串以指针形式出现。name[k] 和 name[j] 均为指针，因此是合法的。字符串比较后需要交换时，只交换指针型数组元素的值，而不交换具体的字符串，这样将大大减少时间开销，提高运行效率。

10.5.2　指向指针的指针变量

如果一个指针变量存放的又是另一个指针变量的地址，则称这个指针变量为指向指针的指针变量。

1. 指向指针型数据的指针变量的定义

C 语言中，指向指针型数据的指针变量的定义如下：

类型声明符 **指向指针的指针变量名

其中，类型声明符为指针变量所指向指针的类型。例如：

char **p;

p 前面有两个 * 号，相当于 *(*p)。显然 *p 是指针变量的定义形式，如果没有最前面的 *，那就是定义了一个指向字符数据的指针变量。现在它前面又有一个 * 号，表示指针变量 p 指向一个字符指针型变量。*p 就是 p 所指向的另一个指针变量。

2. 指向指针型数据的指针变量的使用

指针型数组的每个元素是一个指针型数据，其值为地址。可以设置一个指针变量 p，使它指向指针型数组元素，p 就是指向指针型数据的指针变量。

【例 10-29】使用指向指针的指针变量。

```
#include<stdio.h>
int main()
{
    char *name[]={"follow me","c++","great wall","computer design"};
    char **p;
    int i;
    for(i=0;i<4;i++)
    {
        p=name+i;
        printf("%s\n",*p);
    }
    return 0;
}
```

在该程序中，p 是指向指针的指针变量。

程序运行结果如图 10-26 所示。

```
follow me
c++
great wall
computer design
Press any key to continue
```

图 10-26　例 10-29 程序运行结果

【例 10-30】一个指针型数组的元素指向数据的简单例子。

```c
#include<stdio.h>
int main()
{
    int a[5]={1,3,5,7,9};
    int *num[5]={&a[0],&a[1],&a[2],&a[3],&a[4]};
    int **p,i;
    p=num;
    for(i=0;i<5;i++)
    {
        printf("%4d",**p);
        p++;
    }
    printf("\n");
    return 0;
}
```

程序运行结果如图 10-27 所示。

```
"E:\2022\C语言程序设计(第三版)(微课版)\《C...
    1    3    5    7    9
Press any key to continue
```

图 10-27　例 10-30 程序运行结果

说明：

指针型数组的元素只能存放地址。

10.6　指向结构体的指针变量

当一个指针变量用来指向一个结构体变量时，称之为指向结构体变量的指针变量。指向结构体变量的指针变量的值是所指向的结构体变量的首地址，通过指向结构体变量的指针变量即可访问该结构体变量。当用指针变量指向结构体数组时，称之为指向结构体数组的指针变量，这与数组指针和函数指针的情况是相同的。

10.6.1　指向结构体变量的指针变量

1. 指向结构体变量的指针变量的定义

定义结构体指针变量的一般形式为：

```
struct 结构体名 *结构体指针变量名
```

例如，在前面的例题中定义了 stu 这个结构体，若要声明一个指向 stu 的指针变量 pstu，可写为：

```
struct stu *pstu;
```

当然，也可在定义 stu 结构体的同时声明 pstu。

2. 指向结构体变量的指针变量的赋值

与前面讨论的各类指针变量相同，结构体指针变量也必须要先赋值后才能使用。赋值是把结构体变量的首地址赋给该指针变量，不能把结构体名赋给该指针变量。如果 student 是被声明为 stu 类型的结构体变量，则 pstu=&student 是正确的，而 pstu=&stu 是错误的。

结构体名和结构体变量是两个不同的概念，不能混淆。结构体名只能表示一种结构体形式，编译系统并不对它分配内存空间。只有当某变量被声明为这种类型的结构体时，才对该变量分配存储空间。因此上面&stu 这种写法是错误的，不可能去取一个结构体名的首地址。

3. 指向结构体变量的指针变量的成员访问

有了结构体指针变量，就能更方便地访问结构体变量的各个成员。
其访问的一般形式为：

```
(*结构体指针变量).成员名
```

或

```
结构体指针变量->成员名
```

例如：

```
(*pstu).num
```

或

```
pstu->num
```

应该注意"(*pstu)"中的括号不可少，因为成员符"."的优先级高于"*"。若去掉括号写作"*pstu.mum"则等效于"*(pstu.num)"，这样，意义就完全不同了。

下面通过例子来说明结构体指针变量的具体声明和使用方法。

【例 10-31】结构体指针变量的声明和使用。

```
#include<stdio.h>
struct stu
{
```

```
        int num;
        char *name;
        float score;
} student1={102,"zhang",78.5},*pstu;
int main()
{
        pstu=&student1;
        printf("number=%d\tname=%s\tscore=%f\n",student1.num,student1.name,student1.score);
        printf("number=%d\tname=%s\tscore=%f\n",(*pstu).num,(*pstu).name,(*pstu).score);
        printf("number=%d\tname=%s\tscore=%f\n",pstu->num,pstu->name,pstu->score);
        return 0;
}
```

程序运行结果如图 10-28 所示。

```
number=102        name=zhang        score=78.500000
number=102        name=zhang        score=78.500000
number=102        name=zhang        score=78.500000
Press any key to continue_
```

图 10-28　例 10-31 程序运行结果

本例定义了一个结构体 stu，定义了 stu 类型结构体变量 student1 并进行了初始化赋值，还定义了一个指向 stu 类型结构体的指针变量 pstu。在 main 函数中，pstu 被赋予 student1 的地址，因此 pstu 指向 student1。然后在 printf 语句内用 3 种形式输出 student1 的各个成员值。从运行结果可以看出：

```
结构体变量.成员名
(*结构体指针变量).成员名
结构体指针变量->成员名
```

这 3 种用于表示结构体成员的形式是完全等效的。

10.6.2　指向结构体数组的指针变量

指针变量可以指向一个结构体数组，这时结构体指针变量的值是整个结构体数组的首地址。结构体指针变量也可指向结构体数组的一个元素，这时结构体指针变量的值是该结构体数组元素的首地址。

设 ps 为指向结构体数组的指针变量，则 ps 也指向该结构体数组的第 0 号元素，ps+1 指向第 1 号元素，ps+i 则指向第 i 号元素。这与普通数组的情况是一致的。

【例 10-32】用指针变量输出结构体数组。

```
#include<stdio.h>
struct stu
{
        int num;
        char *name;
```

```
        float score;
}student[3]={
            {101,"zhou",45},
            {102,"zhang",62.5},
            {103,"liu",92.5},
            };
int main()
{
    struct stu *ps;
    printf("no\tname\tscore\n");
    for(ps=student;ps<student+3;ps++)
        printf("%d\t%s\t%f\n",ps->num,ps->name,ps->score);
    return 0;
}
```

程序运行结果如图 10-29 所示。在程序中，定义了 stu 结构体类型的外部数组 student 并进行了初始化赋值。在 main 函数内定义 ps 为指向 stu 类型的指针。在循环语句 for 的表达式 1 中，ps 被赋予 student 的首地址，然后循环 3 次，输出 student 数组中各成员的值。

图 10-29 例 10-32 程序运行结果

应该注意的是，虽然可以使用结构体指针变量来访问结构体变量或结构体数组元素的成员，但不能使它指向一个成员，也就是说，不允许取一个成员的地址来赋给它。因此下面的赋值语句是错误的：

```
ps=&student[1].sex;
```

而正确的只能是：

```
ps=student;        //赋予数组的首地址
```

或

```
ps=&student[0];     //赋予第 0 号元素的首地址
```

10.6.3 结构体指针变量作为函数参数

C 语言允许用结构体变量作为函数参数进行整体传递，但是这种传递要将全部成员逐个传递，特别是成员为数组时将会使传递的时间和空间开销很大，这严重降低了程序的效率。因此最好的办法就是使用指针，即用指针变量作为函数参数进行传递。这时由实参传向形参的只是地址，从而减少了时间和空间的开销。

【例 10-33】计算一组学生的平均成绩和不及格人数，用结构体指针变量作为函数参数进行编程。

```c
#include<stdio.h>
struct stu
{
    int num;
    char *name;
    float score;
}student[3]={
            {101,"zhou",45},
            {102,"zhang",62.5},
            {103,"liu",92.5},
            };
void ave(struct stu *ps)
{
    int c=0,i;
    float ave,s=0;
    for(i=0;i<3;i++,ps++)
    {
        s+=ps->score;
        if(ps->score<60) c+=1;
    }
    printf("s=%f\n",s);
    ave=s/3;
    printf("average=%f\ncount=%d\n",ave,c);
}
int main()
{
    struct stu *ps;
    ps=student;
    ave(ps);
    return 0;
}
```

程序运行结果如图 10-30 所示。本程序中定义了函数 ave，其形参为结构体指针变量 ps。student 被定义为外部结构体数组，因此在整个源文件中有效。在 main 函数中，先定义了结构体指针变量 ps，并把 student 的首地址赋给它，使 ps 指向 student 数组；然后，以 ps 作为实参调用函数 ave；最后在函数 ave 中完成计算平均成绩和统计不及格人数并输出结果。

图 10-30　例 10-33 程序运行结果

10.7 动态存储分配

在第 6 章中,曾介绍过数组的长度是预先定义好的,在整个程序中固定不变。C 语言中不允许动态数组类型。但是在实际的编程中,往往会发生这种情况,即所需的内存空间取决于实际输入的数据,因而无法预先确定。对于这种问题,用数组的办法很难解决。针对上述问题,C 语言提供了一些内存管理函数,这些内存管理函数可以按需要动态地分配内存空间,也可以把不再使用的空间回收待用,这为有效利用内存资源提供了手段。

常用的动态分配函数如表 10-1 所示,调用这些函数时,要求在源文件中包含以下命令行:

```
#include <stdlib.h>
```

表 10-1 常用的动态分配函数

函数原型说明	功　　能	返　回　值
void *calloc(unsigned n,unsigned size)	分配 n 个数据项的内存空间,每个数据项的大小为 size 字节	分配内存单元的首地址;若不成功,返回 0
void *free(void *p)	释放 p 所指的内存区	无
void *malloc(unsigned size)	分配 size 字节的存储空间	分配内存空间的首地址;若不成功,返回 0
void *realloc(void *p, unsigned size)	把 p 所指内存区的大小改为 size 字节	新分配内存空间的首地址;若不成功,返回 0
void exit(int state)	程序终止执行,返回调用过程。state 为 0 表示正常终止,为非 0 则表示非正常终止	无

1. 分配内存空间函数 malloc

(1) 调用形式

```
(类型声明符*)malloc(size)
```

其中,类型声明符表示把该区域用于何种数据类型;(类型声明符*)表示把返回值强制转换为该类型指针;size 是一个无符号数。

(2) 功能

在内存的动态存储区中分配一块长度为 size 字节的连续区域,函数的返回值为该区域的首地址。例如:

```
pc=(char *)malloc(100);
```

表示分配 100 字节的内存空间,并强制转换为字符数组类型,函数的返回值为指向该字符数组的指针,把该指针赋给指针变量 pc。

2. 分配内存空间函数 calloc

calloc 函数也用于分配内存空间。

(1) 调用形式

(类型声明符*)calloc(n,size)

(2) 功能

在内存动态存储区中分配 n 块长度为 size 字节的连续区域。函数的返回值为该区域的首地址。

calloc 函数与 malloc 函数的区别仅在于一次可以分配 n 块区域。例如：

ps=(struct stu*)calloc(2,sizeof(struct stu));

其中的 sizeof(struct stu)用于求 stu 的结构体长度。该语句的功能是：按 stu 的长度分配两块连续区域，强制转换为 stu 类型，并将其首地址赋给指针变量 ps。

3. 重新分配内存空间函数 realloc

realloc 函数也用于分配内存空间。

(1) 调用形式

(类型声明符*)realloc(*p,size)

(2) 功能

将 p 所指向的由 malloc 或 calloc 函数所分配的动态存储区域的大小改变为 size 字节。p 的值不变。

4. 释放内存空间函数 free

free 函数用于释放内存空间。

(1) 调用形式

free(void*p);

(2) 功能

释放 p 所指向的一块内存空间，p 是一个任意类型的指针变量，它指向被释放区域的首地址。被释放区域应是由 malloc 或 calloc 函数所分配的区域。

【例 10-34】分配一块区域，输入一个学生的数据。

```c
#include<stdio.h>
#include<stdlib.h>
int main()
{
    struct stu
    {
        int num;
        char *name;
```

```
        float score;
    } *ps;
    ps=(struct stu*)malloc(sizeof(struct stu));
    ps->num=102;
    ps->name="zhang";
    ps->score=62.5;
    printf("number=%d\nname=%s\n",ps->num,ps->name);
    printf("score=%f\n",ps->sex,ps->score);
    free(ps);
    return 0;
}
```

　　程序运行结果如图 10-31 所示。本例中，定义了结构体 stu，定义了 stu 类型的指针变量 ps。然后分配一块 stu 大小的内存区，并把首地址赋给 ps，使 ps 指向该区域。再以 ps 为指向结构体的指针变量对各成员赋值，并用 printf 输出各成员值。最后用 free 函数释放 ps 所指向的内存空间。整个程序包含了申请内存空间、使用内存空间和释放内存空间这 3 个步骤，从而实现了存储空间的动态分配。

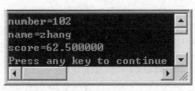

图 10-31　例 10-34 程序运行结果

10.8　习　题

一、选择题

1. 已知 int a=3,*p=&a;，则*p 的值是(　　　)。
   A. 变量 a 的地址值　　　　　　　　B. 无意义
   C. 变量 p 的地址值　　　　　　　　D. 3

2. 下列程序的输出结果是(　　　)。

```
int main()
{
    char a[10]={9,8,7,6,5,4,3,2,1,0},*p=a+5;
    printf("%d",*--p);
    return 0;
}
```

　　A. 非法　　　　　　　　　　　　　B. a[4]的地址
　　C. 5　　　　　　　　　　　　　　　D. 3

3. 已知 int x;，则下面定义指针变量 pb 的语句正确的是(   )。

    A. int pb=&x;   B. int *pb=x;

    C. int *pb=&x;   D. *pb=*x;

4. 已知 int *p, a,b;p=&a;，则语句 b=*p;中的运算符*的含义是(   )。

    A. 指针定义   B. 乘法运算符

    C. 取指针内容   D. 取变量地址

5. 若已定义 int b[8],*p=b;，则对数组元素 b[4]地址的非法引用为(   )。

    A. p+4   B. &b+4

    C. &b[0]+4   D. b+4

6. 已知 int *p, a;，则语句 p=&a;中的运算符&的含义是(   )。

    A. 位与运算   B. 逻辑与运算

    C. 取指针内容   D. 取变量地址

7. 经过语句 int i,a[5],*p;定义后，下列语句中合法的是(   )。

    A. p=a;   B. p=a[5];

    C. p=a[2]+2;   D. p=&(i+2);

8. 下列选项中正确的语句组是(   )。

    A. char s[8]; s={"beijing"};   B. char *s; s={"beijing"};

    C. char s[8]; s="beijing";   D. char *s; s="beijing";

9. 若定义函数 int *func1();，则 func1 的返回值是(   )。

    A. 整数   B. 指向函数的指针

    C. 整型数的地址   D. 以上说法均错

10. 设有以下变量定义：

```
char str1[]="string",str2[8],*str3,*str4="string";
```

则(   )是正确的。

    A. strcpy(str1,"china");   B. str2="china";

    C. strcpy(*str3,"china");   D. strcpy(str4[0],"china");

11. 已知 char s1[4]="12";char *ptr;，则执行以下语句后的输出为(   )。

```
ptr=s1;
printf("%c\n", *(ptr+1));
```

    A. 字符'2'   B. 字符'1'

    C. 字符'2'的地址   D. 不确定

12. 语句 float (*p)(int);的含义是(   )。

    A. p 是一个指向一维数组的指针变量

    B. p 是指针变量，指向一个整型数据

    C. p 是一个指向函数的指针，该函数的返回值是一个浮点型，且有一个整型数
       作为参数

    D. 以上都不对

13. 有以下程序段：

```
int main()
{
    int a=5,*b,**c;
    c=&b; b=&a;
    return 0;
}
```

该程序在执行了 c=&b;b=&a;语句后，表达式**c 的值是(　　)。

 A. 变量 a 的地址

 B. 变量 b 的值

 C. 变量 a 的值

 D. 变量 b 的地址

14. 语句 int (*p)();的含义是(　　)。

 A. p 是一个指向一维数组的指针变量

 B. p 是指针变量，指向一个整型数

 C. p 是一个指向函数的指针，该函数的返回值是一个整型数

 D. 以上说法均不正确

15. 已知 int **p;，则变量 p 是(　　)。

 A. 指向 int 的指针

 B. 指向指针的指针

 C. int 型变量

 D. 以上 3 种说法均是错误的

16. 对于指向相同数据类型的两个指针变量，不能进行的运算是(　　)。

 A. <   B. =

 C. +   D. -

17. 已知 p、p1 为指针变量，a 为数组名，i 为整型变量，下列赋值语句中不正确的是(　　)。

 A. p=&i;   B. p=a;

 C. p=&a[i];   D. p=10;

二、填空题

1. 有以下程序：

```
#include<stdio.h>
int*f(int *p,int *q);
int main()
{
    int m=1,n=2,*r=&m;
    r=f(r,&n);printf("%d\n",*r);
    return 0;
}
```

```
int *f(int *p,int *q)
{return(*p>*q)?p:q;}
```

该程序运行后的输出结果是_____。

2. 设有以下定义和语句：

```
int a[3][2]={10,20,30,40,50,60},(*p)[2];
p=a;
```

则*(*(p+2)+1)的值是_____。

3. 有以下程序：

```
#include <stdio.h>
int main()
{
    int a[]={1,2,3,4,5,6},*k[3],i=0;
    while(i<3)
    {
        k[i]=&a[2*i];
        printf("%d",*k[i]);
        i++;
    }
    return 0;
}
```

该程序运行后的输出结果是_____。

三、程序分析题

写出以下程序的运行结果。

1.

```
int main()
{
    int a[3][4]={1,3,5,7,9,11,13,15,17,19,21,23};
    int (*p)[4]=a,i,j,k=0;
    for(i=0;i<3;i++)
        for(j=0;j<2;j++)
            k=k+*(*(p+i)+j);
    printf("%d",k);
    return 0;
}
```

2.

```
int main()
{
    char a[ ]="program", *ptr;
    for( ptr=a; ptr<a+7; ptr+=2)
        putchar(*ptr);
    return 0;
}
```

3.

```
void fun(int **s,int p[2][3])
{ **s=p[1][1];}
int main()
{
    int a[2][3]={1,3,5,7,9},*p;
    p=(int *)malloc(sizeof(int));
    fun(&p,a);
    printf("%d",*p);
    return 0;
}
```

四、程序填空题

利用函数 void swap()交换 int main()函数中的两个变量的值。

```
void swap(     ①     )
{
    int    temp;
    temp=*x;
    *x=*y;
        ②        ;
}
int main()
{
    int    x=10,y=50;
    swap(    ③    );
    printf("%d, %d\n", x, y);
    return 0;
}
```

五、程序设计题

1. 编写函数，把 s 字符串中的所有字母改写成该字母的下一个字母。

2. 输入 3 行字符，每行 60 个字符，要求分别统计出有多少个大写字符和多少个小写字符。

第 11 章

文　件

一个应用程序的主要任务和流程就是输入一些原始数据，然后对这些数据进行必要的处理和运算，最后将运算的结果输出。如果数据量比较大，通常需要将数据存储到外部存储设备上。操作系统以文件为单位对数据进行管理，也就是说，如果想找到存储在外部介质上的数据，必须先按文件名找到所指定的文件，然后再从该文件中读取数据。要向外部介质上存储数据也必须先创建一个文件，然后才能向它输出数据。

文件通常存放在磁盘上，每个文件都用一个唯一的文件全名进行标识。一个文件全名的格式为：文件路径\文件名。文件路径由磁盘盘符和文件夹名构成。文件名由主文件名和扩展名构成，例如，D:\MyData\Score.dat 表示文件 Score.dat 存放在 D 盘的 MyData 文件夹中，文件的扩展名为.dat。

11.1　文件的种类

文件通常驻留在外部介质(如磁盘等)上，在使用时才调入内存中。从不同的角度可对文件进行不同的分类。

1. 程序文件和数据文件

根据数据性质，文件可分为程序文件和数据文件。

(1) 程序文件(program file)

这种文件中存放的是可以由计算机执行的程序，源文件、目标文件、可执行程序都属于程序文件。

(2) 数据文件(data file)

数据文件用于存放普通数据，可以是一组待输入处理的原始数据，或者是一组输出的结果，这些数据必须通过程序来存取和管理。本章所介绍的就是数据文件。

2. ASCII 文件和二进制文件

根据数据的编码方式，文件可分为 ASCII 文件和二进制文件。

(1) ASCII 文件

又称为文本文件，它以 ASCII 方式保存数据，它的每个字节存放一个 ASCII 码。这种文件可以通过记事本等软件创建和修改(必须按纯文本文件方式保存)。由于是按字符显示，因此能读懂文件内容。这种方式存取较慢，需要转换成 ASCII 有效数据。

(2) 二进制文件

以二进制方式保存的文件，不能用普通的字处理软件进行编辑，占用空间较小。在对二进制文件进行读写操作时，通常以字节为单位进行，可以从文件中的某一位置读写文件的内容。二进制文件虽然也可在屏幕上显示，但其内容无法读懂。这种方式对文件的存取效率较高，因为不用进行存储形式的转换，与数据在内存中的存储形式保持一致。

11.2 文件指针和文件内部的位置指针

在 C 语言中用一个指针变量指向一个文件，这个指针称为文件指针。通过文件指针就可对它所指的文件进行各种操作。

1. 文件指针的定义

FILE *指针变量标识符;

其中，FILE 应为大写，它实际上是由系统定义的一个结构，该结构中含有文件名、文件状态和文件当前位置等信息。在编写源文件时不必关心 FILE 结构的细节。例如：

FILE *fp;

表示 fp 是指向 FILE 结构的指针变量，通过 fp 可以找到存放某个文件信息的结构变量，然后按结构变量提供的信息找到该文件，从而实施对文件的操作。习惯上也笼统地把 fp 称为指向一个文件的指针。

2. 文件内部的位置指针

在文件内部有一个位置指针，用来指向文件的当前读写字节。在文件打开时，该指针总是指向文件的第一个字节。进行读写时，文件内部指针自动向后移动。

3. 文件指针和文件内部的位置指针的区别

文件指针是指向整个文件的，要在程序中定义，只要不重新赋值，文件指针的值是不变的。文件内部的位置指针用于指示文件内部的当前读写位置，每读写一次，该指针均向后移动，不必在程序中定义该指针，系统会自动设置它。

11.3 文件的操作

在 C 语言中，文件操作都是由库函数来完成的。

1. 数据文件操作的步骤

(1) 打开(或创建)

一个文件必须先打开或创建后才能使用。如果一个文件已经存在,则打开该文件;如果不存在,则创建该文件。

(2) 读写

可以在打开(或创建)的文件上执行所要求的输入和输出操作。在文件处理中,把内存中的数据传输到相关联的外部设备并作为文件存放的操作称作写数据,而把数据文件中的数据传输到内存程序中的操作称作读数据。一般来说,在主存与外设的数据传输中,由主存到外设称作输出或写,而由外设到主存称作输入或读。

(3) 关闭

文件一旦使用完毕,就可以应用文件关闭函数把文件关闭,从而避免文件数据丢失等错误。

2. 数据文件操作的库函数

常用的文件操作函数如表 11-1 所示,调用时,要求在源文件中包含以下命令行:

```
#include <stdio.h>
```

表 11-1 常用的文件操作函数

函数原型说明	功　能	返　回　值
FILE *fopen(char *filename, char *mode)	以 mode 指定的方式打开名为 filename 的文件	若成功,则返回文件指针(文件信息区的起始地址),否则返回 NULL
int fclose(FILE *fp)	关闭 fp 所指的文件,释放文件缓冲区	若出错则返回非 0,否则返回 0
int feof(FILE *fp)	检查文件是否结束	若文件结束则返回非 0,否则返回 0
int fgetc(FILE *fp)	从 fp 所指的文件中获取下一个字符	若出错则返回 EOF(即-1),否则返回所读字符
int fputc(char ch, FILE *fp)	把 ch 中的字符输出到 fp 指定的文件中	若成功则返回该字符,否则返回 EOF
char *fgets(char *buf,int n, FILE *fp)	从 fp 所指的文件中读取一个长度为 n-1 的字符串,将其存入 buf 所指的存储区	返回 buf 所指的地址,若文件结束或出错则返回 NULL
int fputs(char *str, FILE *fp)	把 str 所指的字符串输出到 fp 所指的文件中	若成功则返回非负整数,否则返回 EOF(即-1)
int fscanf(FILE *fp, char *format, args,…)	从 fp 所指的文件中按 format 指定的格式把输入数据存放到 args,… 所指的内存中	已输入的数据个数,若文件结束或出错则返回 0
int fprintf(FILE *fp, char *format, args,…)	把 args,… 的值以 format 指定的格式输出到 fp 所指定的文件中	实际输出的字符数

(续表)

函数原型说明	功　能	返回值
int fread(char *pt,unsigned size,unsigned n, FILE *fp)	从 fp 所指的文件中读取 n 个长度为 size 的数据项并保存到 pt 所指的文件中	读取的数据项个数
int fwrite(char *pt,unsigned size,unsigned n, FILE *fp)	把 pt 所指向的 n*size 字节输入 fp 所指的文件中	输出的数据项个数
int fseek(FILE *fp,long offer,int base)	移动 fp 所指文件的位置指针	若成功则返回当前位置，否则返回非 0
void rewind(FILE *fp)	将文件位置指针置于文件开头	无

11.4　文件的打开与关闭

文件在进行读写操作之前要先打开，使用完毕后要关闭。所谓打开文件，实际上是创建文件的各种有关信息，并使文件指针指向该文件，以便进行其他操作。关闭文件则断开指针与文件之间的联系，也就禁止再对该文件进行操作。

11.4.1　文件打开函数 fopen

1. 文件打开函数的调用形式

fopen 函数用来打开一个文件，其调用的一般形式为：

文件指针名=fopen(文件名,文件使用方式);

其中，文件指针名必须是被声明为 FILE 类型的指针变量；文件名是字符串常量或字符串数组，是被打开文件的文件名；文件使用方式是指文件的类型和操作要求。

2. 文件打开函数的功能

按文件使用方式将指定文件打开，并使文件指针指向该文件。例如：

```
FILE *fp;
fp=("filea","r");
```

其含义是在当前目录下打开文件 filea，只允许进行读操作并使 fp 指向该文件。

3. 文件使用方式

表 11-2 给出了文件使用方式的符号和含义。

表 11-2　文件使用方式

文件使用方式	含　义	字符含义
rt	以只读方式打开一个文本文件，只允许读数据	read text

(续表)

文件使用方式	含　义	字符含义
wt	以只写方式打开或创建一个文本文件，只允许写数据	write text
at	以追加方式打开一个文本文件并在文件末尾写数据	append text
rb	以只读方式打开一个二进制文件，只允许读数据	read binary
wb	以只写方式打开或创建一个二进制文件，只允许写数据	write binary
ab	以追加方式打开一个二进制文件并在文件末尾写数据	append binary
rt+	以读写方式打开一个文本文件，允许读和写	read text+
wt+	以读写方式打开或创建一个文本文件，允许读和写	write text+
at+	以读写方式打开一个文本文件，允许读，或在文件末追加数据	append text+
rb+	以读写方式打开一个二进制文件，允许读和写	read binary+
wb+	以读写方式打开或创建一个二进制文件，允许读和写	write binary+
ab+	以读写方式打开一个二进制文件，允许读，或在文件末尾追加数据	append binary+

4. 文件使用方式的说明

(1) 文件使用方式由 6 个字符拼成：r、w、a、t、b、+。文件可按只读、只写、读写、追加 4 种操作方式打开，同时还必须指定文件的类型是二进制文件还是文本文件。

(2) 用 r 打开一个文件时，该文件必须已经存在且只能从该文件读数据。

(3) 用 w 打开的文件只能向该文件写入。若打开的文件不存在，则以指定的文件名创建该文件；若打开的文件已经存在，则将该文件删去，重建一个新文件。

(4) 若要向一个已存在的文件追加新的信息，只能用 a 方式打开文件。但此时该文件必须是存在的，否则会出错。

(5) 在打开一个文件时，如果出错，fopen 函数将返回一个空指针值 NULL。在程序中可以用这一信息来判断是否已完成打开文件的工作并进行相应的处理。因此常用以下程序段打开文件：

```
if((fp=fopen("d:\\data.txt","rt")==NULL)
{
    printf("error on open d:\\data.txt file!\n");
    exit(1);
}
```

这段程序的含义是以读文本的方式打开 D 驱动器磁盘的根目录下的文件 data.txt。如果返回的指针为空，表示不能打开此文件，则给出提示信息 error on open d:\ data.txt file!，执行 exit(1)退出程序。两个反斜线"\\"中的第一个表示转义字符，第二个表示根目录。

(6) 把一个文本文件读入内存时，要将 ASCII 码转换成二进制码，而把文件以文本方式写入磁盘时，也要把二进制码转换成 ASCII 码，因此文本文件的读写要花费较多的转换时间。对二进制文件的读写不存在这种转换。

11.4.2　文件关闭函数 fclose

文件一旦使用完毕，就可以应用文件关闭函数把文件关闭，从而避免文件数据丢失等错误。fclose 函数调用的一般形式是：

```
fclose(文件指针);
```

例如：

```
fclose(fp);
```

正常完成关闭文件操作时，fclose 函数的返回值为 0。若返回非零值，则表示有错误发生。

11.5　文件的顺序读写

对文件的读和写是最常用的操作。文件可按字节、字符串、数据块为单位进行读写，文件也可按指定的格式进行读写。文件读写函数如下。

(1) 字符读写函数：fgetc 和 fputc。

(2) 字符串读写函数：fgets 和 fputs。

(3) 数据块读写函数：fread 和 fwrite。

(4) 格式化读写函数：fscanf 和 fprinf。

下面分别予以介绍。使用以上函数都要求包含头文件 stdio.h。

11.5.1　字符读写函数 fgetc 和 fputc

字符读写函数以字符(字节)为单位，每次可从文件读出或向文件写入一个字符。

1. 读字符函数 fgetc

fgetc 函数的功能是从指定的文件中读字符。

(1) 函数调用的形式

```
字符变量=fgetc(文件指针);
```

例如：

```
ch=fgetc(fp);
```

其含义是从打开的文件 fp 中读取一个字符并送入 ch 中。

(2) fgetc 函数的使用说明

① 在 fgetc 函数调用中，读取的文件必须是以读或读写方式打开的。

② 所读取字符的结果也可以不赋值给字符变量，但这样做读出的字符不能被保存下来。例如：

```
fgetc(fp);
```

③ 使用 fgetc 函数后，文件位置指针将向后移动 1 字节。因此，可连续多次使用 fgetc 函数，读取多个字符。

【例 11-1】从键盘输入一行字符并写入一个文件，再把该文件内容显示在屏幕上。

```
#include<stdio.h>
#include<stdlib.h>
int main()
{
    FILE *fp;
    char ch;
    if((fp=fopen("d:\\string.txt","wt"))==NULL)
    {
        printf("cannot open file ,press any key to exit!");
        exit(1);
    }
    printf("input a string:\n");
    ch=getchar();
    while (ch!='\n')
    {
        fputc(ch,fp);
        ch=getchar();
    }
    fclose(fp);
    if((fp=fopen("d:\\string.txt","rt"))==NULL)
    {
        printf("cannot open file ,press any key to exit!");
        exit(1);
    }
    printf("\n file content:\n!");
    ch=fgetc(fp);
    while(ch!=EOF)
    {
        putchar(ch);
        ch=fgetc(fp);
    }
    printf("\n");
    fclose(fp);
    return 0;
}
```

程序运行结果如图 11-1 所示。程序中先以写文本文件的方式打开文件 string.txt，从键盘读入一个字符后进入循环，当读入字符不为回车符时，则把该字符写入文件中，然后继续从键盘读入下一个字符。每输入一个字符，文件内部位置指针向后移动 1 字节。写入完毕后，该指针指向文件末。若要从头续入文件，需要把指针移向文件头；再以读文本文件的方式打开文件string.txt，先读入一个字符，然后进入循环，只要读出的字符不是文件结束标志(每个文件末都有一个结束标志EOF)，就把该字符显示在屏幕上；然后再读入下一个字符。每读一次，文件内部的位置指针向后移动一个字符。文件结束时，该指针指向EOF。执行本程序将显示整个文件。

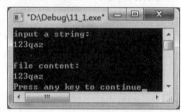

图11-1　例11-1程序运行结果

2. 写字符函数 fputc

fputc函数的功能是把字符写入指定的文件中。

(1) 函数调用的形式

fputc(字符量，文件指针);

其中，待写入的字符量可以是字符常量或变量，例如：

fputc('a',fp);

其含义是把字符a写入fp所指向的文件中。

(2) fputc函数的使用说明

① 被写入的文件可以用写、读写、追加方式打开，用写或读写方式打开一个已存在的文件时将清除原有的文件内容，写入字符从文件首开始。若需保留原有文件的内容，希望写入的字符从文件末开始存放，必须以追加方式打开文件。被写入的文件若不存在，则创建该文件。

② 每写入一个字符，文件内部位置指针向后移动1字节。

③ 该函数有一个返回值，若写入成功则返回写入的字符，否则返回EOF，能够以此来判断写入是否成功。

11.5.2　字符串读写函数 fgets 和 fputs

1. 读字符串函数 fgets

该函数的功能是从指定的文件中读一个字符串到字符数组中，其调用形式为：

fgets(字符数组名,n,文件指针);

其中的n是一个正整数，表示从文件中读出的字符串不超过n-1个字符。在读入的最后一个字符末尾加上串结束标志'\0'。例如：

fgets(str,n,fp);

其含义是从fp所指的文件中读出n-1个字符并送入字符数组str中。

对 fgets 函数有以下两点说明：

(1) 在读出 n-1 个字符之前，若遇到了换行符或 EOF，则读操作结束。

(2) fgets 函数也有返回值，其返回值是字符数组的首地址。

2. 写字符串函数 fputs

fputs 函数的功能是向指定的文件写入一个字符串，其调用形式为：

```
fputs(字符串,文件指针);
```

其中，字符串可以是字符串常量，也可以是字符数组名或指针变量，例如：

```
fputs("abcd",fp);
```

其含义是把字符串"abcd"写入 fp 所指的文件中。

【例 11-2】从 string.txt 文件中读入一个含有 5 个字符的字符串。

```c
#include<stdio.h>
int main()
{
    FILE *fp;
    char str[5];
    if((fp=fopen("d:\\string.txt","rt"))==NULL)
    {
        printf("cannot open file strike any key exit!");
        exit(1);
    }
    fgets(str,5,fp);
    printf("%s\n",str);
    fclose(fp);
    return 0;
}
```

程序运行结果如图 11-2 所示。本例定义的字符数组 str 的大小为 5 字节，在以读文本文件的方式打开文件 string.txt 后，从中读出 5 个字符并送入 str 数组中，在数组最后将加上结束标志'\0'，然后在屏幕上输出 str 数组。输出的 4 个字符正是例 11-1 程序中的前 4 个字符。

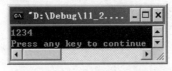

图 11-2　例 11-2 程序运行结果

【例 11-3】在例 11-1 创建的文件 string.txt 中追加一个字符串。

```c
#include<stdio.h>
int main()
{
```

```
FILE *fp;
char ch,st[20];
if((fp=fopen("d:\\string.txt","at+"))==NULL)
{
    printf("cannot open file strike any key exit!");
    exit(1);
}
printf("input a string:\n");
scanf("%s",st);
fputs(st,fp);
rewind(fp);
printf("\nfile content:\n");
ch=fgetc(fp);
while(ch!=EOF)
{
    putchar(ch);
    ch=fgetc(fp);
}
printf("\n");
fclose(fp);
return 0;
}
```

程序运行结果如图 11-3 所示。本例要求在 string.txt 文件末追加一个字符串，因此，以追加读写文本文件的方式打开文件 string.txt，然后输入字符串并用 fputs 函数把该字符串写入该文件，用 rewind 函数把文件内部位置指针移到文件首，再进入循环逐个显示当前文件中的全部内容。

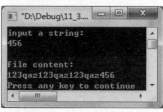

图 11-3　例 11-3 程序运行结果

11.5.3　数据块读写函数 fread 和 fwrite

C 语言还提供了用于读写整块数据的函数。这类函数可用来读写一组数据，如一个数组元素、一个结构变量的值等。

1. 调用读数据块函数的一般形式

C 语言中，调用读数据块函数的一般形式如下：

```
fread(buffer,size,count,fp);
```

2. 调用写数据块函数的一般形式

调用写数据块函数的一般形式如下：

fwrite(buffer,size,count,fp);

其中，buffer 是一个指针，在 fread 函数中，它表示存放输入数据的首地址，而在 fwrite 函数中则表示存放输出数据的首地址；size 表示数据块的字节数；count 表示要读写的数据块的数量；fp 表示文件指针。

例如：

fread(fa,4,5,fp);

其含义是从 fp 所指的文件中，每次读 4 字节(一个实数)并送入实数数组 fa 中，连续读 5 次，即读 5 个实数到 fa 中。

【例 11-4】从键盘输入两个学生的数据并写入一个文件中，再读出这两个学生的数据并显示在屏幕上。

```c
#include<stdio.h>
struct stu
{
    char name[5];
    int num;
    int age;
    char addr[15];
}studenta[2],studentb[2],*pp,*qq;
int main()
{
    FILE *fp;
    char ch;
    int i;
    pp=studenta;
    qq=studentb;
    if((fp=fopen("d:\\stu_list.dat","wb+"))==NULL)
    {
        printf("cannot open file strike any key exit!");
        exit(1);
    }
    printf("input data\n");
    for(i=0;i<2;i++,pp++)
        scanf("%s%d%d%s",pp->name,&pp->num,&pp->age,pp->addr);
    pp=studenta;
    fwrite(pp,sizeof(struct stu),2,fp);
    rewind(fp);
    fread(qq,sizeof(struct stu),2,fp);
```

```
        printf("name\tnumber\tage\taddr\n");
        for(i=0;i<2;i++,qq++)
            printf("%s\t%d\t%d\t%s\n",qq->name,qq->num,qq->age,qq->addr);
        fclose(fp);
        return 0;
}
```

程序运行结果如图 11-4 所示。本例定义了一个结构 stu，声明了两个结构数组 studenta 和 studentb，以及两个结构指针变量 pp 和 qq，其中 pp 指向 studenta，qq 指向 studentb。以读写方式打开二进制文件 stu_list.dat，输入两个学生的数据后并将其写入该文件中；然后把文件内部位置指针移到文件首，读出两个学生的数据后，显示在屏幕上。

图 11-4　例 11-4 程序运行结果

11.5.4　格式化读写函数 fscanf 和 fprintf

fscanf 和 fprintf 函数与前面使用的 scanf 和 printf 函数的功能相似，都是格式化读写函数。两者的区别在于 fscanf 和 fprintf 函数的读写对象不是键盘和显示器，而是磁盘文件。

这两个函数的调用形式为：

```
fscanf(文件指针,格式字符串,输入列表);
fprintf(文件指针,格式字符串,输出列表);
```

例如：

```
fscanf(fp,"%d%s",&i,s);
fprintf(fp,"%d%c",j,ch);
```

用 fscanf 和 fprintf 函数也可以实现例 11-4 的功能。重写后的程序如例 11-5 所示。

【例 11-5】用 fscanf 和 fprintf 函数实现例 11-4 的功能。

```
#include<stdio.h>
struct stu
{
    char name[5];
    int num;
    int age;
    char addr[15];
}studenta[2],studentb[2],*pp,*qq;
int main()
```

```
{
    FILE *fp;
    char ch;
    int i;
    pp=studenta;
    qq=studentb;
    if((fp=fopen("stu_list1.dat","wb+"))==NULL)
    {
        printf("cannot open file strike any key exit!");
        exit(1);
    }
    printf("input data\n");
    for(i=0;i<2;i++,pp++)
        scanf("%s%d%d%s",pp->name,&pp->num,&pp->age,pp->addr);
    pp=studenta;
    for(i=0;i<2;i++,pp++)
        fprintf(fp,"%s %d %d %s\n",pp->name,pp->num,pp->age,pp->addr);
    rewind(fp);
    for(i=0;i<2;i++,qq++)
        fscanf(fp,"%s %d %d %s\n",qq->name,&qq->num,&qq->age,qq->addr);
    printf("name\tnumber\tage\taddr\n");
    qq=studentb;
    for(i=0;i<2;i++,qq++)
        printf("%s\t%d\t%d\t%s\n",qq->name,qq->num, qq->age,qq->addr);
    fclose(fp);
    return 0;
}
```

程序运行结果如图 11-5 所示。与例 11-4 相比，本程序中 fscanf 和 fprintf 函数每次只能读写一个结构体数组元素，因此采用了循环语句来读写全部的数组元素。还要注意指针变量 pp 和 qq，由于循环改变了它们的值，因此分别对它们重新赋予了数组的首地址。

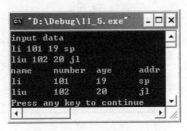

图 11-5　例 11-5 程序运行结果

思考：

文件 stu_list1.dat 存放在何处？与例 11-4 有何不同？

11.6 文件的定位和随机读写

前面介绍的对文件的读写方式都是顺序读写,即读写文件只能从头开始顺序读写各个数据,但在实际问题中常要求只读写文件中某一指定的部分。为了解决这个问题,可移动文件内部的位置指针到需要读写的位置,再进行读写,这种读写称为随机读写。

11.6.1 文件的定位

文件内部的位置指针可指示当前的读写位置,移动该指针可以对文件实现随机读写,这称为文件的定位。

移动文件内部位置指针的函数主要有两个:rewind 函数和 fseek 函数。

1. rewind 函数

前面多次使用过该函数,其调用形式为:

```
rewind(文件指针);
```

它的功能是把文件内部的位置指针移到文件首。

2. fseek 函数

fseek 函数用来移动文件内部的位置指针,其调用形式为:

```
fseek(文件指针,位移量,起始点);
```

其中,各参数的含义如下:

文件指针指向被移动的文件。

位移量表示移动的字节数,要求位移量是 long 型数据,以便在文件长度大于 64Kb 时不会出错。当用常量表示位移量时,要求加后缀1。

起始点表示从何处开始计算位移量,规定的起始点有 3 种:文件首、当前位置和文件尾。其表示方法如表 11-3 所示。

表 11-3 起始点

起始点	表示符号	数字表示
文 件 首	seek_set	0
当前位置	seek_cur	1
文件末尾	seek_end	2

例如:

```
fseek(fp,110,0);
```

其含义是把位置指针移到离文件首 110 字节处。

还要说明的是，fseek 函数一般用于二进制文件。在文本文件中由于要进行转换，故计算的位置往往会出现错误。

11.6.2 文件的随机读写

在移动位置指针后，即可用前面介绍的任一种读写函数来进行读写。由于一般是读写一个数据块，因此常用 fread 和 fwrite 函数。

下面用例题来说明文件的随机读写。

【例 11-6】从学生文件 stu_list.dat 中读出第 2 个学生的数据。

```c
#include<stdio.h>
struct stu
{
    char name[5];
    int num;
    int age;
    char addr[15];
}student,*qq;
int main()
{
    FILE *fp;
    char ch;
    int i=1;
    qq=&student;
    if((fp=fopen("stu_list.dat","rb"))==NULL)
    {
        printf("cannot open file strike any key exit!");
        exit(1);
    }
    rewind(fp);
    fseek(fp,i*sizeof(struct stu),0);
    fread(qq,sizeof(struct stu),1,fp);
    printf("name\tnumber\tage\taddr\n");
    printf("%s\t%d\t%d\t%s\n",qq->name,qq->num,qq->age,qq->addr);
    return 0;
}
```

程序运行结果如图 11-6 所示。文件 stu_list.dat 已由例 11-4 的程序创建；本程序用随机读出的方法读出第 2 个学生的数据。程序中定义 student 为 stu 类型变量，qq 为指向 student 的指针。以读二进制文件的方式打开文件，移动文件位置指针。其中的 i 值为 1，表示从文件头开始，移动一个 stu 类型的长度，然后再读出的数据即为第 2 个学生的数据。

图 11-6 例 11-6 程序运行结果

11.7 文件检测函数

C 语言中常用的文件检测函数包括 feof、ferror 和 clearerr。

11.7.1 文件结束检测函数 feof

该函数的调用格式如下:

```
feof(文件指针);
```

其功能是判断文件是否处于文件结束位置。若文件结束，则返回值为 1；否则为 0。

11.7.2 读写文件出错检测函数 ferror

ferror 函数的调用格式如下:

```
ferror(文件指针);
```

其功能是检查文件在用各种输入/输出函数进行读写时是否出错。若 ferror 返回值为 0，则表示未出错；否则表示有错。

11.7.3 清除文件出错标志和结束标志函数 clearerr

clearerr 函数的调用格式如下:

```
clearerr(文件指针);
```

本函数用于清除出错标志和文件结束标志，使它们为 0 值。

11.8 习 题

一、选择题

1. 在 C 程序中，可以把整型数以二进制形式存放到文件中的函数是(　　)。
   A. fprintf 函数　　　　 B. fread 函数　　　 C. fwrite 函数　　　　 D. fputc 函数
2. 若执行 fopen 函数时发生错误，则函数的返回值是(　　)。
   A. 地址值　　　　　　 B. 0　　　　　　　 C. 1　　　　　　　　 D. EOF
3. 在高级语言中，对文件操作的一般步骤是(　　)。
   A. 打开文件—操作文件—关闭文件
   B. 操作文件—修改文件—关闭文件
   C. 读写文件—打开文件—关闭文件
   D. 读文件—写文件—关闭文件
4. 当顺利执行了文件关闭操作时，fclose 函数的返回值是(　　)。
   A. -1　　　　　　　　 B. TRUE　　　　　 C. 0　　　　　　　　 D. 1

5. 在进行文件操作时，写文件的一般含义是(   )。

A. 将计算机内存中的信息存入磁盘

B. 将磁盘中的信息存入计算机内存

C. 将计算机 CPU 中的信息存入磁盘

D. 将磁盘中的信息存入计算机 CPU

6. 若 fp 已定义并指向某文件，当未遇到文件结束标志时，函数 feof(fp)的值为(   )。

A. 0   B. 1   C. -1   D. 一个非 0 值

7. 用只读方式打开文件 file，下列语句正确的是(   )。

A. fp=fopen("file","r");

B. fp=fopen("file","w");

C. fp=fopen("file","r+");

D. fp=fopen("file","w+");

8. 在 C 语言中，从计算机内存将数据写入文件中，称为(   )。

A. 输入   B. 输出   C. 修改   D. 删除

9. 下列关于 C 语言数据文件的叙述中正确的是(   )。

A. 文件由 ASCII 码字符序列组成，C 语言只能读写文本文件

B. 文件由二进制数据序列组成，C 语言只能读写二进制文件

C. 文件由记录序列组成，可按数据的存放形式分为二进制文件和文本文件

D. 文件由数据流形式组成，可按数据的存放形式分为二进制文件和文本文件

10. 要打开一个已存在的非空文件 file 用于修改，下列语句中应选择(   )。

A. fp=fopen("file","r");   B. fp=fopen("file","w");

C. fp=fopen("file","r+");   D. fp=fopen("file","w+");

11. C 语言标准库函数 fgets(string,n,fp)的功能是(   )。

A. 从文件 fp 中读取长度为 n 的字符串并存入指针 string 指向的内存

B. 从文件 fp 中读取长度不超过 n-1 的字符串并存入指针 string 指向的内存

C. 从文件 fp 中读取 n 个字符串并存入指针 string 指向的内存

D. 从文件 fp 中读取长度不超过 n 的字符串并存入指针 string 指向的内存

12. 若 fp 是指向某文件的指针，且已读到文件的末尾，则函数 feof(fp)的返回值是(   )。

A. EOF   B. -1   C. 非零值   D. NULL

二、填空题

1. feof(fp)函数用来判断文件是否结束，如果遇到文件结束标志，函数值为_____。

2. C 语言中的文件是指_____。

三、程序填空题

1. 以下程序打开新文件 f.txt，调用字符输出函数将 a 数组中的字符写入其中，请填空。

```
#include<stdio.h>
int main()
```

```
{
        _____*fp;
        char a[5]={'1','2','3','4','5'},i;
        fp=fopen("f .txt","w");
        for(i=0;i<5;i++)fputc(a[i],fp);
        fclose(fp);
        return 0;
}
```

2. 以下程序的功能是统计文件中字符的个数，请填空。

```
#include<stdio.h>
int main()
{
        FILE *fp;
        long n=0;
        fp=fopen("test.dat","r");
        if(_____ )
        {
                printf("cannot open test.dat");
                exit(0);
        }
        while(_____ )
        {
                fgetc(fp);
                n++;
        }
        printf("%d\n",n-1);
        fclose(fp);
        rcturn 0;
}
```

第 12 章

位 运 算

前面介绍的各种运算都是以字节为基本单位进行运算的，但在很多系统程序中常要求以二进制位(bit)为单位进行运算或处理。C 语言提供了位运算的功能，这使得 C 语言也能像汇编语言一样用来编写系统程序。

12.1 位运算符

C 语言提供了 6 种位运算符，如表 12-1 所示。

表 12-1 位运算符

运算符	功　能
&	按位与
|	按位或
^	按位异或
~	按位取反
<<	左移
>>	右移

12.1.1 按位与运算

按位与运算符 "&" 是双目运算符，其功能是参与运算的两数各对应的二进制位相与。只有对应的两个二进制位均为 1 时，结果位才为 1，否则为 0。参与运算的数以补码形式出现。

例如，9&5 可写算式如下：

```
  00001001        (9 的二进制补码)
& 00000101        (5 的二进制补码)
------------------
  00000001        (1 的二进制补码)
```

可见 9&5=1。

按位与运算通常用来对某些位清 0 或保留某些位。例如，若把 a 的高八位清 0，保留低八位，可作 a&255 运算(255 的二进制数为 0000000011111111)。

【例 12-1】按位与运算举例。

```
#include<stdio.h>
int main()
{
    int a=9,b=5,c;
    c=a&b;
    printf("a=%d\nb=%d\nc=%d\n",a,b,c);
    return 0;
}
```

程序运行结果如图 12-1 所示。

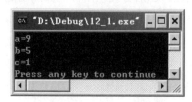

图 12-1　例 12-1 程序运行结果

12.1.2　按位或运算

按位或运算符 "|" 是双目运算符，其功能是参与运算的两数各对应的二进制位相或。只要对应的两个二进制位有一个为 1，结果位就为 1。参与运算的两个数均以补码形式出现。

例如，9|5 可写算式如下：

$$
\begin{array}{ll}
00001001 & \text{(9 的二进制补码)} \\
|\,00000101 & \text{(5 的二进制补码)} \\
\hline
00001101 & \text{(13 的二进制补码)}
\end{array}
$$

可见 9|5=13。

【例 12-2】按位或运算举例。

```
#include<stdio.h>
int main()
{
    int a=9,b=5,c;
    c=a|b;
    printf("a=%d\nb=%d\nc=%d\n",a,b,c);
    return 0;
}
```

程序运行结果如图 12-2 所示。

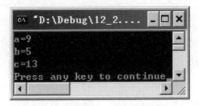

图 12-2 例 12-2 程序运行结果

12.1.3 按位异或运算

按位异或运算符 "^" 是双目运算符，其功能是参与运算的两数各对应的二进制位相异或。当对应的两个二进制位相异时，结果为 1。参与运算的两个数仍以补码形式出现，例如，9^5 可写成算式如下：

00001001	(9 的二进制补码)
^ 00000101	(5 的二进制补码)
00001100	(12 的二进制补码)

可见 9^5=12。

【例 12-3】按位异或运算举例。

```c
#include<stdio.h>
int main()
{
    int a=9;
    a=a^5;
    printf("a=%d\n",a);
    return 0;
}
```

程序运行结果如图 12-3 所示。

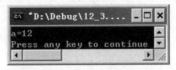

图 12-3 例 12-3 程序运行结果

12.1.4 按位求反运算

按位求反运算符 "~" 为单目运算符，具有右结合性，其功能是对参与运算的数的各二进制位求反。例如，~9 的运算为~(0000000000001001)，结果为 1111111111110110。

12.1.5 左移运算

左移运算符 "<<" 是双目运算符，其功能是把左边的运算数的各二进制位全部左移若干位，由右边的数指定移动的位数，高位丢弃，低位补 0。例如，a<<4 指把 a 的各二进制位向左移动 4 位，如 a=00000011(十进制 3)，左移 4 位后为 00110000(十进制 48)。

12.1.6 右移运算

右移运算符 "＞＞" 是双目运算符，其功能是把左边的运算数的各二进制位全部右移若干位，右边的数指定移动的位数。例如，设 a=15, a>>2 表示把 000001111 右移 2 位，结果为 00000011(十进制 3)。

应该说明的是，对于有符号数，在右移时，符号位将随同移动。当为正数时，最高位补 0；而为负数时，符号位为 1，最高位是补 0 或是补 1 取决于编译系统的规定。

【例 12-4】右移运算。

```c
#include<stdio.h>
int main()
{
    unsigned a,b;
    printf("input a number:");
    scanf("%d",&a);
    b=a>>5;
    b=b&15;
    printf("a=%d\tb=%d\n",a,b);
    return 0;
}
```

程序运行结果如图 12-4 所示。

图 12-4 例 12-4 程序运行结果

位运算是 C 语言的一种特殊运算功能，它是以二进制位为单位进行的运算。位运算符只有逻辑运算和移位运算两类。位运算符可以与赋值符一起组成复合赋值符，如&=、|=、^=、>>=、<<=等。

利用位运算可以完成汇编语言的某些功能，如置位、位清零、移位等，还可进行数据的压缩存储和并行运算。

12.2 位域(位段)

有些信息在存储时，并不需要占用一个完整的字节，而只需占一个或几个二进制位。例如，在存放一个开关量时，只有 0 和 1 两种状态，用一个二进制位即可。为了节省存储空间并使处理简便，C 语言还提供了一种数据结构，称为位域或位段。

所谓位域，是把 1 字节中的二进制位划分为几个不同的区域，并说明每个区域的位数。每个域有一个域名，允许在程序中按域名进行操作。这样就可以把几个不同的对象用 1 字节的二进制位域来表示。

1. 位域的定义和位域变量的声明

位域的定义与结构体的定义相仿，其形式为：

```
struct 位域结构名
{
        位域列表
};
```

其中，位域列表的形式为：

```
类型声明符 位域名:位域长度
```

例如：

```
struct bs
{
        int a:6;
        int b:2;
};
```

位域变量的声明与结构体变量的定义方式相同。可采用先定义后声明、同时定义和声明，或者直接声明这 3 种方式。例如：

```
struct bs
{
        int a:6;
        int b:2;
}data;
```

声明 data 为 bs 变量，共占 1 字节，其中，位域 a 占 6 位，位域 b 占 2 位。

对于位域的定义有以下几点说明。

(1) 一个位域必须存储在同一字节中，不能跨 2 字节。若 1 字节所剩空间不够存放另一位域，应从下一单元起存放该位域；也可以有意使某位域从下一单元开始。例如：

```
struct bs
{
        unsigned a:4
        unsigned :0        /*空域*/
        unsigned b:8        /*从下一单元开始存放*/
}
```

在这个位域定义中，a 占第 1 字节的 4 位，后 4 位填 0 表示不使用；b 从第 2 字节开始，占用 8 位。

(2) 由于位域不允许跨 2 字节，因此位域的长度不能大于 1 字节的长度，也就是说不能超过 8 个二进制位。

(3) 位域可以无位域名，这时它只用来填充或调整位置。无名的位域是不能使用的。例如：

```
struct k
{
    int a:4
    int :3              /*这 3 位不能使用*/
    int b:1
};
```

从以上分析可以看出，位域在本质上就是一种结构体类型，不过其成员是按二进制位分配的。

2. 位域的使用

位域的使用和结构体成员的使用相同，其一般形式为：

位域变量名·位域名

位域允许用各种格式输出。

【例 12-5】位域的输出格式。

```
#include<stdio.h>
int main()
{
    struct bs
    {
        unsigned a:1;
        unsigned b:3;
    } bit,*pbit;
    bit.a=1;
    bit.b=7;
    printf("%d,%d \n",bit.a,bit.b);
    pbit=&bit;
    pbit->a=0;
    pbit->b&=3;
    printf("%d,%d \n",pbit->a,pbit->b);
    return 0;
}
```

程序运行结果如图 12-5 所示。本例中定义了位域结构 bs，两个位域分别为 a、b。声明了 bs 类型的变量 bit 和指向 bs 类型的指针变量 pbit。这表示位域也是可以使用指针的。分别给两个位域赋值(应注意赋值不能超过该位域的允许范围)，并以整型量格式输出两个域的内容；之后把位域变量 bit 的地址送给指针变量 pbit，用指针方式将位域 a 重新赋值为 0；然后使用复合的位运算符"&="，对位域 b 中的原有值 7 与 3 进行按位与运算，结果为 3(111&011=011，十进制值为 3)；最后用指针方式输出这两个域的值。

图 12-5 例 12-5 程序运行结果

位域在本质上也是结构体类型，不过它的成员按二进制位分配内存。其定义、声明及使用的方式都与结构体相同。位域提供了一种手段，使得可在高级语言中实现数据的压缩，节省了存储空间，同时也提高了程序的运行效率。

12.3 习 题

一、选择题

1. 设 int b=2;，表达式 b<<2 的值是(   )。
   A. 0   B. 2   C. 4   D. 8
2. 有以下程序：

```
#include <stdio.h>
int main()
{
    int a=2,b=2,c=2;
    printf("%d\n",a/b&c);
    return 0;
}
```

程序运行后的结果是(   )。
   A. 0   B. 1   C. 2   D. 3
3. 有以下程序：

```
#include<stdio.h>
int main()
{
    short c=124;
    c=(           );
    printf("%d\n",c);
    return 0;
}
```

若要使程序的运行结果为 248，应在括号内填入的是(   )。
   A. >>2   B. <<1   C. &0248   D. |248

二、程序分析题

1. 给定函数 fun 的功能是：计算函数 f(x,y,z)=(x+y)/(x-y)+(z+y)/(z-y)的值，其中 x 和 y 的值不相等，z 和 y 的值不相等。

请改正下面程序中的错误，使它能得出正确的结果。

```
#include <stdio.h>
#include <math.h>
#define FU(m,n)    (m/n)
float fun(float a,float b,float c)
{    float value;
/***********found***********/
     value=FU(a+b,a-b)+FU(c+b,c-b);
/***********found***********/
     Return(Value);
}
int main()
{    float x,y,z,sum;
     printf("Input x y z: ");
     scanf("%f%f%f",&x,&y,&z);
     printf("x=%f,y=%f,z=%f\n",x,y,z);
     if (x==y||y==z) {printf("Data error!\n");exit(0);}
     sum=fun(x,y,z);
     printf("The result is : %5.2f\n",sum);
     return 0;
}
```

2. 下列程序中，函数 fun 的功能是：计算函数 fun(a,b,c)=(a-b)/(a+b)+(c-b)/(c+b)的值，请在该程序中的横线处填上适当的内容。

```
#include   <stdio.h>
#include   <math.h>
#define   FU(m,n)   (m)/(n)
float fun(float a,float b,float c)
{
        ____1____   value;
     value=FU(a-b,a+b)+FU(c-b,c+b);
     return(value);
}
int main()
{
    float x,y,z,sum;
    printf("Input x y z:: ");
    scanf("%f%f%f",&x,&y,&z);
    printf("x=%f,y=%f,z=%f\n ",x,y,z);
    sum=fun(x,y,z);
    printf("The result is:%5.2f\n ", ____2____ );
    return 0;
}
```

参 考 文 献

[1] 梁海英，张红军. C 语言程序设计[M]. 北京：清华大学出版社，2018.

[2] 谭浩强. C 语言程序设计学习辅导[M]. 4 版. 北京：清华大学出版社，2020.

[3] 谭浩强. C 语言程序设计[M]. 4 版. 清华大学出版社，2020.

[4] 蔺德军. C 语言程序设计[M]. 2 版. 北京：电子工业出版社，2020.

[5] 王瑞红. C 语言程序设计项目教程[M]. 2 版. 北京：机械工业出版社，2021.

[6] 李丽娟. C 语言程序设计教程实验指导与习题解答[M]. 5 版. 北京：人民邮电出版社，2019.

[7] 王正万，刘日辉，盛魁. C 语言程序设计案例教程(慕课版)[M]. 北京：人民邮电出版社，2020.

[8] 梁海英，陈振庆，张红军，禤浚波. C 语言程序设计[M]. 2 版. 北京：清华大学出版社，2015.

[9] 黄复贤. C 语言程序设计教程[M]. 北京：电子工业出版社，2020.

全国计算机等级考试二级 C 语言

程序设计考试大纲(2022 年版)

一、基本要求

1. 熟悉 Visual C++集成开发环境。

2. 掌握结构化程序设计的方法,具有良好的程序设计风格。

3. 掌握程序设计中简单的数据结构和算法并能阅读简单的程序。

4. 在 Visual C++集成环境下,能够编写简单的 C 程序,并具有基本的纠错和调试程序的能力。

二、考试内容

1. C 语言程序的结构

(1) 程序的构成,main 函数和其他函数。

(2) 头文件、数据说明、函数的开始和结束标志以及程序中的注释。

(3) 源程序的书写格式。

(4) C 语言的风格。

2. 数据类型及其运算

(1) C 的数据类型(基本类型、构造类型、指针类型、无值类型)及其定义方法。

(2) C 运算符的种类、运算优先级和结合性。

(3) 不同类型数据间的转换与运算。

(4) C 表达式类型(赋值表达式、算术表达式、关系表达式、逻辑表达式、条件表达式、逗号表达式)和求值规则。

3. 基本语句

(1) 表达式语句、空语句、复合语句。

(2) 输入/输出函数的调用,正确输入数据并正确设计输出格式。

4. 选择结构程序设计

(1) 用 if 语句实现选择结构。

(2) 用 switch 语句实现多分支选择结构。

(3) 选择结构的嵌套。

5. 循环结构程序设计

(1) for 循环结构。

(2) while 和 do-while 循环结构。

(3) continue 语句和 break 语句。

(4) 循环的嵌套。

6. 数组的定义和引用

(1) 一维数组和二维数组的定义、初始化和数组元素的引用。

(2) 字符串与字符数组。

7. 函数

(1) 库函数的正确调用。

(2) 函数的定义方法。

(3) 函数的类型和返回值。

(4) 形式参数与实际参数,参数值的传递。

(5) 函数的正确调用、嵌套调用、递归调用。

(6) 局部变量和全局变量。

(7) 变量的存储类别(自动、静态、寄存器、外部),变量的作用域和生存期。

8. 编译预处理

(1) 宏定义和调用(不带参数的宏、带参数的宏)。

(2) "文件包含" 处理。

9. 指针

(1) 地址与指针变量的概念,取地址运算符与取内容运算符。

(2) 一维、二维数组和字符串的地址以及指向变量、数组、字符串、函数、结构体的指针变量的定义。通过指针引用以上各类型数据。

(3) 指针作为函数参数。

(4) 返回地址值的函数。

(5) 指针数组,指向指针的指针。

10. 结构体(即"结构")与共用体(即"联合")

(1) 用 typedef 说明一个新类型。

(2) 结构体和共用体类型数据的定义和成员的引用。

(3) 通过结构体构成链表,单向链表的建立,结点数据的输出、删除与插入。

11. 位运算

(1) 位运算符的含义和使用。

(2) 简单的位运算。

12. 文件操作

只要求缓冲文件系统(即高级磁盘 I/O 系统)，对非标准缓冲文件系统(即低级磁盘 I/O 系统)不要求。

(1) 文件类型指针(FILE 类型指针)

(2) 文件的打开与关闭(fopen 和 fclose 函数的应用)。

(3) 文件的读写(fputc、fgetc、fputs、fgets、fread、fwrite、fprintf、fscanf 函数的应用)，文件的定位(rewind 和 fseek 函数的应用)。

三、考试方式

上机考试，考试时长 120 分钟，满分 100 分。

1. 题型及分值

(1) 单项选择题 40 分(含公共基础知识部分 10 分)。

(2) 操作题 60 分(包含程序填空题、程序修改题及程序设计题)

2. 考试环境

(1) 操作系统：中文版 Windows 7。

(2) 开发环境：Microsoft Visual C++ 6.0。

四、全国计算机等级考试二级公共基础知识考试大纲(2022 年版)

(一) 基本要求

1. 掌握计算机系统的基本概念，理解计算机硬件系统和计算机操作系统。

2. 掌握算法的基本概念。

3. 掌握基本数据结构及其操作。

4. 掌握基本排序和查找算法。

5. 掌握逐步求精的结构化程序设计方法。

6. 掌握软件工程的基本方法，具有初步应用相关技术进行软件开发的能力。

7. 掌握数据库的基本知识，了解关系数据库的设计。

(二) 考试内容

1. 计算机系统

(1) 掌握计算机系统的结构。

(2) 掌握计算机硬件系统结构，包括 CPU 的功能和组成，存储器分层体系，总线和外部设备。

(3) 掌握操作系统的基本组成，包括进程管理、内存管理、目录和文件系统、I/O 设备管理。

2. 基本数据结构与算法

(1) 算法的基本概念；算法复杂度的概念和意义(时间复杂度与空间复杂度)。

(2) 数据结构的定义；数据的逻辑结构与存储结构；数据结构的图形表示；线性结构与非线性结构的概念。

(3) 线性表的定义；线性表的顺序存储结构及其插入与删除运算。

(4) 栈和队列的定义；栈和队列的顺序存储结构及其基本运算。

(5) 线性单向链表、双向链表与循环链表的结构及其基本运算。

(6) 树的基本概念；二叉树的定义及其存储结构；二叉树的前序、中序和后序遍历。

(7) 顺序查找与二分法查找算法；基本排序算法(交换类排序、选择类排序、插入类排序)。

3. 程序设计基础

(1) 程序设计的方法与风格。

(2) 结构化程序设计。

(3) 面向对象的程序设计方法，对象、方法、属性及继承与多态性。

4. 软件工程基础

(1) 软件工程基本概念，软件生命周期概念，软件工具与软件开发环境。

(2) 结构化分析方法：数据流图，数据字典，软件需求规格说明书。

(3) 结构化设计方法：总体设计与详细设计。

(4) 软件测试的方法(白盒测试与黑盒测试)，测试用例设计，软件测试的实施，以及单元测试、集成测试和系统测试。

(5) 程序的调试：静态调试与动态调试。

5. 数据库设计基础

(1) 数据库的基本概念：数据库、数据库管理系统、数据库系统。

(2) 数据模型，实体联系模型及 E-R 图，从 E-R 图导出关系数据模型。

(3) 关系代数运算，包括集合运算及选择、投影、连接运算，数据库规范化理论。

(4) 数据库设计方法和步骤：需求分析、概念设计、逻辑设计和物理设计的相关策略。

(三) 考试方式

1. 公共基础知识不单独考试，与其他二级科目组合在一起，作为二级科目考核内容的一部分。

2. 上机考试，10 道单项选择题，共占 10 分。

全国计算机等级考试二级

C 语言模拟题(一)

一、选择题(每小题 1 分, 共 40 分)

1. 一个栈的初始状态为空。现将元素 1、2、3、4、5、A、B、C、D、E 依次入栈, 然后再依次出栈, 则元素出栈的顺序是(   )。

    A. 5 4 3 2 1 E D C B A   B. A B C D E 1 2 3 4 5

    C. 1 2 3 4 5 A B C D E   D. E D C B A 5 4 3 2 1

2. 下列排序方法中, 最坏情况下比较次数最少的是(   )。

    A. 冒泡排序   B. 直接插入排序

    C. 堆排序   D. 简单选择排序

3. 算法的空间复杂度是指(   )。

    A. 算法所处理的数据量

    B. 算法在执行过程中所需要的临时工作单元数

    C. 算法在执行过程中所需要的计算机存储空间

    D. 算法程序中的语句或指令条数

4. 支持子程序调用的数据结构是(   )。

    A. 二叉树   B. 队列

    C. 栈   D. 树

5. 数据流图中带有箭头的线段表示的是(   )。

    A. 模块调用   B. 事件驱动

    C. 数据流   D. 控制流

6. 软件开发中, 在需求分析阶段可以使用的工具是(   )。

    A. N-S 图   B. 程序流程图

    C. PAD 图   D. DFD 图

7. 在面向对象方法中, 不属于"对象"基本特点的是(   )。

    A. 多态性   B. 一致性

    C. 分类性   D. 标识唯一性

8. 设有学生关系表s(学号、姓名、性别、年龄、身份证号)，每个学生的学号唯一。除学号外，下列选项中也可以作为键的是(   )。

    A. 姓名、性别、年龄   B. 身份证号

    C. 学号、姓名   D. 姓名

9. 在数据库设计中，将 E-R 图转换成关系数据模型的过程属于(   )。

    A. 概念设计阶段   B. 需求分析阶段

    C. 逻辑设计阶段   D. 物理设计阶段

10. 在数据库系统中，考虑数据库实现的数据模型是(   )。

    A. 物理数据模型   B. 逻辑数据模型

    C. 概念数据模型   D. 层次数据模型

11. 若有定义语句：

```
int x=10;
```

则表达式 x-=x+x 的值为(   )。

    A. -10   B. 10

    C. 0   D. -20

12. 以下叙述中错误的是(   )。

    A. 结构化程序由顺序、分支、循环 3 种基本结构组成

    B. 结构化程序设计提倡模块化的程序设计方法

    C. C 语言是一种结构化程序设计语言

    D. 使用 3 种基本结构构成的程序只能解决简单问题

13. 以下选项中，能用作用户标识符的是(   )。

    A. _0_   B. 8_8

    C. void   D. unsigned

14. 以下 4 个程序中，完全正确的是(   )。

```
A. #include <stdio.h>          B. #include <stdio.h>
   main(   )                      main(   )
   { /*programmng */             { /*/programmng/*/
   printf("programming!\n");}     printf("programming!\n");}
C. include<stdio.h>            D. #include <stdio.h>
   main(   )                      main(   )
   { /*programmng */             { /*/*programmng* /*/
   printf("programming!\n");}     printf("programming!\n");}
```

15. C 源程序中不能表示的数制是(   )。

    A. 十进制   B. 十六进制

    C. 二进制   D. 八进制

16. 有以下程序：

```
#include <stdio.h>
main()
```

```
{   int a=1,b=0;
    printf("%d",b=a+b);
    printf("%d\n",a=2+b);
}
```

程序运行后的输出结果是(　　)。

　A. 1,2　　　　　　　　　　　　　B. 3,2

　C. 0,0　　　　　　　　　　　　　D. 1,0

17. 对于 if(表达式)语句，以下叙述正确的是(　　)。

　A. "表达式"的值必须是逻辑值　　B. 在"表达式"中不能出现变量

　C. 在"表达式"中不能出现常量　　D. "表达式"的值可以是任意合法的数值

18. 有如下程序：

```
#include <stdio.h>
main()
{
    int a=0,b=1;
    if(a++ && b++)
        printf("T");
    else
        printf("F");
    printf("a=%d,b=%d\n",a,b);
}
```

程序运行后的输出结果是(　　)。

　A. Ta=0,b=1　　　　　　　　　　B. Fa=0,b=2

　C. Ta=1,b=2　　　　　　　　　　D. Fa=1,b=1

19. 有以下程序：

```
#include <stdio.h>
main()
{
    int s;
    scanf("%d",&s);
    while(s>0)
    {
        switch(s)
        {
            case 1:printf("%d",s+5);
            case 2:printf("%d",s+4);break;
            case 3:printf("%d",s+3);
            default:printf("%d",s+1);break;
        }
        scanf("%d",&s);
```

```
    }
}
```

运行时，若输入 1 2 34 5 0<回车>，则输出结果是(   )。

    A. 6566456   B. 66656

    C. 66666   D. 6666656

20. 有如下程序：

```
#include <stdio.h>
main()
{
    int i;
    for(i=0;i<5;i++)
        putchar('9'-i);
    printf("\n");
}
```

程序运行后的输出结果是(   )。

    A. '9"8"7"6'5   B. '43210'

    C. 54321   D. 98765

21. 有如下程序：

```
#include <stdio.h>
main()
{
    char a='3'b='A';
    int i;
    for(i=0;i<6;i++)
    {
        if(i%3)
            putchar(a+i);
        else
            putchar(b+i);
    }
    printf("\n");
}
```

程序运行后的输出结果是(   )。

    A. ABC678   B. A45D78

    C. 34CD78   D. 34AB78

22. 有如下程序：

```
#include <stdio.h>
main()
```

```
{
    int i,data;
    for(i=0;i<5;i++)
    {
        if(i>data)break;
        printf("%d",i);
    }
    printf("\n");
}
```

程序运行时，从键盘输入"3"并按回车键后，程序的输出结果为(　　)。

A. 0,1,2,3,　　　　　　B. 3,4,　　　　　　C. 3,4,5,　　　　　　D. 0,1,

23. 有如下程序：

```
#include <stdio.h>
int *f(int *s,int *t)
{
    if(*s<*t)
        *s=*t;
    return s;
}
main()
{
    int i=3,j=5,*p=&i,*q=&j,*r;
    r=f(&i,&j);
    printf("%d,%d,%d,%d,%d\n",i,j,*p,*q,8r);
}
```

程序运行后的输出结果是(　　)。

A. 3,5,5,5,5　　　　　　B. 5,5,5,5,5　　　　　　C. 5,3,3,3,5　　　　　　D. 3,5,3,5,5

24. 有如下程序：

```
#include <stdio.h>
#define N 4
void fun(int a[][N])
{
    int i;
    for(i=0;i<N;i++)
        a[0][i]=a[N-1][n-1-i];
}
main()
{
    int x[N][N]={{1,2,3,4},
                 {5,6,7,8},
```

```
                {9,10,11,12},
                {13,14,15,16}},i;
    fun(x);
    for(i=0;i<N;i++)
        printf("%d,",x[i][j]);
    printf("\n");
}
```

程序运行后的输出结果是(   )。

    A. 1,6,11,16,   B. 16,6,11,16,   C. 17,17,17,17,   D. 4,7,10,13,

25. 关于 C 语言函数说明的位置，以下叙述正确的是(   )。

    A. 函数说明只能出现在源程序的开头，否则编译时会出现错误信息

    B. 函数说明只是为了美观和编译时检查参数类型是否一致，可以写也可以不写

    C. 函数说明可以出现在源程序的任意位置，在程序的所有位置对该函数的调用，编译
        时都不会出现错误信息

    D. 在函数说明之后对该函数进行调用，编译时不会出现错误信息

26. 以下关于指针的叙述，错误的是(   )。

    A. 在关系表达式中可以对两个指针变量进行比较

    B. 一个指针变量可以通过不同的方式获得一个确定的地址值

    C. 可以通过对指针变量加上或减去一个整数来移动指针

    D. 两个基类型相同的指针变量不能指向同一个对象

27. 有如下程序：

```
#include <stdio.h>
void fun(int a[],int n)
{
    int i;
    for(i=0;i<n;i++)
        if(i%3==0)
            a[i]=n;
        else
            a[i]+=n;
}
main()
{
    int c[5]={6,7,8,9,10},i;
    fun(c,5);
    for(i=0;i<5;i++)
        printf("%d,",c[i]);
    printf("\n");
}
```

程序运行后的输出结果是(   )。

    A. 10,12,8,4,6,   B. 10,9,8,7,6,   C. 1,7,13,9,15,   D. 1,12,13,4,15,

28. 有如下程序:

```
#include <stdio.h>
int k=5;
void f(int *s)
{
    s=&k;
    *s=k;
}
main()
{
    int m=3;
    f(&m);
    printf("%d,%d\n",m,k);
}
```

程序运行后的输出结果是( )。

    A. 5,3   B. 5,5   C. 3,3   D. 3,5

29. 有如下程序:

```
#include <stdio.h>
int f(int m)
{
    static int n=0;
    int a=2;
    n++;
    a++;
    return n+m+a;
}
main()
{
    int k;
    for(k=0;k<4;k++)
        printf("%d,",f(k));
}
```

程序运行后的输出结果是( )。

    A. 4,6,8,10,   B. 4,7,10,13,   C. 3,5,7,9,   D. 4,5,6,7,

30. 有如下程序:

```
#include <stdio.h>
main()
{
    char a[20],b[]="The sky is blue.";inti;
```

```
    for(i=0;i<10;i++)
        scanf("%c",%a[i]);
    a[i]= '\0';
    gets(b);
    printf("%s%s\n",a,b);
}
```

执行时若输入：

Fig flower is red.<回车>

则输出结果是(   )。

    A. Fig flower is red.is blue.   B. Figfloweris

    C. Fig floweris red.   D. Fig flower is red.

31. 有如下程序：

```
#include <stdio.h>
int f(int a[],int n)
{
    if(n>1)
    {
        int t;
        t=f(a,n-1);
        return t>a[n-1]?t:a[n-1];
    }
    else
        return a[0];
}
main()
{
    int a[]={8,2,9,1,3,6,4,7,5};
    printf("%d\n",f(a,9));
}
```

程序运行后的输出结果是(   )。

    A. 9   B. 8   C. 1   D. 5

32. 有如下程序：

```
#include <stdio.h>
char *a="you",b[]="welcome#you#to#China!";
main()
{
    int i,j=0;char *p;
    for(i=0;b[i]!= '\0';i++)
    {
        if(*a==b[i])
        {
```

```
            p=&b[i];
            for(j=0;a[j]!='\0';j++)
            {
                if(a[j]!=*p)break;
                p++;
            }
            if(a[j]== '\0')break;
        }
    }
    printf("%s\n",p);
}
```

程序运行后的输出结果是(　　)。

    A. #China!　　　　　　　　　　　　B. #to#China!

    C. me#you#to#China!　　　　　　　　D. #you#to#China!

33. 有如下程序：

```
#include <stdio.h>
main()
{
    int i,j=0;
    char a[]="How are you!",b[10];
    for(i=0;a[i];i++)
        if(a[i]== ' ')b[j++]=a[i+1];
    b[j]= '\0';
    printf("%s\n",b);
}
```

程序运行后的输出结果是(　　)。

    A. Howareyou!　　　　B. Hay!　　　　　　C. Howareyou　　　　　　D. ay

34. 有如下程序：

```
#include <stdio.h>
main()
{
    char w[20]="dogs",a[5][10]={"abcdef","ghijkl","mnopq","rstuv","wxyz ."};
    int i,j,k;
    for(i=0;w[i];i++)
    {
        for(j=0;j<5;j++)
        {
            for(k=0;a[j][k];k++)
                if(w[i]==a[j][k])break;
            if(w[i]==a[j][k])break;
        }
```

```
        printf("%d,%d,",j,k);
    }
}
```

程序运行后的输出结果是(　　)。

    A. 0,3,2,2,1,0,3,1,　　　　　　　　B. 1,4,3,3,2,1,4,2,

    C. 5,6,5,6,5,6,5,6,　　　　　　　　D. 6,7,6,7,6,7,6,7,

35. 有如下程序：

```
#include <stdio.h>
main()
{
    char x=2,y=2,z;
    z=(y<<1)&(x>>1);
    printf("%d\n",z);
}
```

程序运行后的输出结果是(　　)。

    A. 4　　　　　　B. 8　　　　　　C. 1　　　　　　D. 0

36. 有如下程序：

```
#include <stdio.h>
main()
{
    double a[2]={1.1,2.2},b[2]={10.0,20.0},*s=a;
    fun(a,b,s);
    printf("%5.2f\n",*s);
}
```

程序运行后的输出结果是(　　)。

    A. 1.10　　　　B. 12.10　　　　C. 21.10　　　　D. 11.10

37. 若 fp 已被定义为指向某文件的指针，且没有读到该文件的末尾，则 C 语言函数 feof(fp) 的返回值是(　　)。

    A. 0　　　　　B. EOF　　　　C. 非 0　　　　D. -1

38. 有如下程序：

```
#include <stdio.h>
struct S{int a;int b;};
main()
{
    struct S a,*p=&a;
    a.a=99;
    printf("%d\n",_____);
}
```

该程序要求输出结构体中成员 a 的数据,以下不能填入横线处的内容是(　　)。

    A. *p.a   B. (*p).a   C. p->a   D. a.a

39. 有如下程序:

```
#include <stdio.h>
main()
{
    int a=10,k=2,m=1;
    a/=SQR(k+m)/SQR(k+m);
    printf("%d\n",a);
}
```

程序运行后的输出结果是(　　)。

    A. 1   B. 10   C. 0   D. 9

40. 若已建立以下链表结构,指针 p、s 分别指向如图所示的节点:

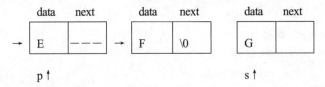

则不能将 s 所指节点插入链表末尾的语句组是(　　)。

    A. p=p->next;s->next=p->next;p->next=s;

    B. s->next='\0';p=p->next;p->next=s;

    C. p=(*p).next;(*s).next=(*p).next;(*p).next=s;

    D. p=p->next;s->next=p;p->next=s;

二、程序填空题

函数 fun 的功能是:根据所给的年、月、日,计算出这一日是这一年的第几天,并作为函数值返回。其中函数 isleap 用来判断某一年是否为闰年。

例如,若输入"2008 5 1",则程序输出"2008 年 5 月 1 日是该年的第 122 天"。

请在程序的下画线处填入正确内容,并把下画线删除,使程序运行后得出正确的结果。

注意:

源程序存放在考生文件夹下的 BLANK1.C 中。不得增行或删行,也不得更改程序的结构。

```
/*BLANK1.C*/
#include <stdio.h>
int isleap(int year)
{
    int leap;
    leap=(year%4==0 && year%100!=0 ||year%400==0);
    /*************found********************/
```

```
    return_____;
}
int fun(intyear,intmonth,int day)
{
    int table[13]={0,31,28,31,30,31,30,31,31,30,31,30,31};
    int days=0,i;
    for(i=1;i<month;i++)
        days=days+table[i];
    /*************found********************/
    days=days+_____;
    if(isleap(year) && month>2)
    /*************found********************/
        days=days+_____;
    return days;
}
main()
{
    int year,month,day,days;
    printf("请输入年、月、日：");
    scanf("%d%d%d",&year,&month,&day);
    days=fun(year,month,day);
    printf("%d 年%d 月%d 日是该年的第%d 天\n",year,month,day,days);
}
```

三、程序修改题

给定程序 MODI1.C 中，函数 fun 的功能是：在有 n 名学生、2 门课程成绩的结构体数组 std 中，计算出第 1 门课程的平均分，作为函数值返回。例如，主函数中给出了 4 名学生的数据，则程序运行的结果为"第 1 门课程的平均分是：76.125000"。

请改正函数 fun 中由 found 指定部位的错误，使程序在运行后能得出正确的结果。

注意：

不要改动 main 函数，不得增行或删行，也不得更改程序的结构。

```
/*MODI1.C*/
#include <stdio.h>
typedefstruct
{
    charnum[8];
    double score[2];
}STU;
double fun(STU std[],int n)
{
    int i;
```

```
/*************found*********************/
    double sum;
/*************found*********************/
    for(i=0;i<2;i++)
/*************found*********************/
    sum+=std[i].score[1];
    return sum/n;
}
main()
{
    STU std[]={"N1001",76.5,82.0,"N1002",66.5,73.0,"N1005",80.5,66.0,"N1006",81.0,56.0};
    printf("第 1 门课程的平均分是：%f",fun(std,4));
}
```

四、程序设计题

请编写函数 fun，其功能是：判断形参 n 中的正整数是几位数(输入数据的位数不超过 4 位)，并将结果通过函数值返回。

例如，若输入的数据为 123，则输出结果为"输入的数字是 3 位"。

注意：

部分源程序存放在 PROG1.C 中，请勿改动主函数 main 和其他函数中的任何内容，仅在函数 fun 的花括号中填入所编写的若干语句。

```
/*PROG1.C*/
#include <stdio.h>
void NONO()
{
    int n,place;
    do
    {
        printf("请输入一个 4 位以内的正整数：");
        scanf("%d",&n);
    }while(n<0||n>9999);
    place=fun(n);
    NONO();
}
void NONO()
{/*本函数用于打开文件，输入数据，调用函数，输出数据，关闭文件。*/
    FILE *fp,*wf;
    inti,n,place;
    fp=fopen("K:\\k06\\24000006\\in.dat","r");
    wf=fopen("K:\\k06\\24000006\\out.dat","w");
    for(i=0;i<10;i++)
```

```
    {
        fscanf(fp, "%d",&n);
        place=fun(n);
        fprintf(wf, "%d\n",place);
    }
    fclose(fp);
    fclose(wf);
}
```

全国计算机等级考试二级

C 语言模拟题(二)

一、选择题(每小题 1 分，共 40 分)

1. 下列叙述中正确的是(　　)。

    A. 在链表中，如果每个节点都有两个指针域，则该链表一定是非线性结构

    B. 在链表中，如果有两个节点的同一指针域的值相等，则该链表一定是线性结构

    C. 在链表中，如果每个节点都有两个指针域，则该链表一定是线性结构

    D. 在链表中，如果有两个节点的同一指针域的值相等，则该链表一定是非线性结构

2. 设循环队列为 Q(1:m)，其初始状态为 front=rear=m。经过一系列入队与出队运算后，front=20，rear=15。现要在该循环队列中寻找值最小的元素，最坏情况下需要比较的次数为(　　)。

    A. m-5   B. m-6   C. 6   D. 5

3. 某二叉树的前序序列为 ABCDEFG，中序序列为 DCBAEFG，则该二叉树的后序序列为(　　)。

    A. EFGDCBA   B. DCBGFEA   C. DCBEFGA   D. BCDGFEA

4. 下列叙述中正确的是(　　)。

    A. 在带链队列中，队头指针是动态变化的，但队尾指针是不变的

    B. 在带链栈中，栈顶指针是不变的，但栈底指针是动态变化的

    C. 在带链栈中，栈顶指针是动态变化的，但栈底指针是不变的

    D. 在带链队列中，队头指针是不变的，但队尾指针是在动态变化的

5. 软件生命周期中，确定软件系统"怎么做"的阶段是(　　)。

    A. 需求分析阶段   B. 系统维护阶段   C. 软件设计阶段   D. 软件测试阶段

6. 下面可以作为软件设计工具的是(　　)。

    A. 数据流程图(DFD 图)   B. 数据字典(DD)

    C. 甘特图   D. 系统结构图

7. 下列不属于结构化程序设计原则的是(　　)。

    A. 模块化   B. 逐步求精   C. 可封装   D. 自顶向下

8. 负责数据库中查询操作的数据库语言是(　　)。

   A. 数据操纵语言　　　　B. 数据定义语言　　C. 数据管理语言　　D. 数据控制语言

9. 一个教师讲授多门课程,一门课程由多个教师讲授,则实体教师和课程间的关系是(　　)。

   A. m:1 关系　　　　　　B. 1:1 关系　　　　　C. m:n 关系　　　　　D. 1:m 关系

10. 有 3 个关系：R、S 和 T,如下所示：

	R			S			T	
A	B	C	A	B	C	A	B	C
a	1	2	a	1	2	b	2	1
b	2	1	d	2	1	c	3	1
c	3	1						

则由关系 R 和 S 得到关系 T 的操作是(　　)。

   A. 差　　　　　　　　B. 并　　　　　　　　C. 交　　　　　　　　D. 自然连接

11. 以下选项中叙述正确的是(　　)。

   A. C 程序必须由 main 语句开始　　　　B. C 程序中的注释可以嵌套

   C. C 程序中的注释必须在一行完成　　　D. 函数体必须由{开始

12. 若有定义语句 int a=12;,则执行语句 a+=a-=a*a;后,a 的值是(　　)。

   A. 264　　　　　　　B. 552　　　　　　　C. -264　　　　　　　D. 144

13. C 语言程序的模块化是通过(　　)实现的。

   A. 变量　　　　　　B. 语句　　　　　　C. 程序行　　　　　　D. 函数

14. 以下选项中叙述正确的是(　　)。

   A. C 语言的标识符可分为函数名、变量和预定义标识符三类

   B. C 语言的标识符可分为语句、变量和关键字三类

   C. C 语言的标识符可分为关键字、预定义标识符和用户标识符三类

   D. C 语言的标识符可分为运算符、用户标识符和关键字三类

15. 有以下程序：

```
#include <stdio.h>
main()
{
    int x=010,y=10;
    printf("%d,%d\n",++x,y--);
}
```

程序运行后的输出结果是(　　)。

   A. 10,9　　　　　　B. 010,9　　　　　　C. 11,10　　　　　　D. 9,10

16. 若在程序中变量均已定义成 int 类型，且已被赋予大于 1 的值，则下列选项中能正确表示代数式 $\dfrac{1}{abc}$ 的表达式是(　　)。

    A. 1.0/a/b/c   B. 1/(a*b*c)

    C. 1/a/b/(double)c   D. 1.0/a/*b*c

17. 设有定义:

```
int a=1,b=2,c=3;
```

以下语句的执行效果与其他语句不同的是(　　)

    A. if(a>b)　{c=a,a=b,b=c;}   B. if(a>b)　{c=a;a=b;b=c;}

    C. if(a>b)　c=a;a=b;b=c;   D. if(a>b)　c=a,a=b,b=c;

18. 若 a 是数值类型，则逻辑表达式(a==1)||(a!=1)的值是(　　)。

    A. 0   B. 1

    C. 2   D. 不知道 a 的值，不能确定

19. 有以下程序:

```
#include <stdio.h>
main()
{
    int i=5;
    do
    {
        if(i%3==1)
            if(i%5==2)
            {
                printf("*%d",i);break;
            }
        i++;
    }while(i!=0);
    printf("\n");
}
```

程序运行后的输出结果是(　　)。

    A. *3*5   B. *2*6   C. *7   D. *5

20. 以下不能输出字符 A 的语句是(　　)。(注: 字符 A 的 ASCII 码值为 65,字符 a 的 ASCII 码值为 97)

    A. printf("%c\n",65);   B. printf("%c\n",'B'-1);

    C. printf("%c\n",'a'-32);   D. printf("%d\n",'A');

21. 有以下程序:

```
#include <stdio.h>
main()
{
```

```
        int i,j;
        for(i=1;i<4;i++)
        {
            for(j=i;j<4;j++)
                printf("%d*%d ",i,j,i*j);
            printf("\n");
        }
    }
```

程序运行后的输出结果是(   )。

A. 1*1=1   1*2=2   1*3=3
   2*1=2   2*2=4
   3*1=3

B. 1*1=1   1*2=2   1*3=3
   2*2=4   2*3=6
   3*3=9

C. 1*1=1
   2*1=2   2*2=4
   3*1=3   3*2=6   3*3=9

D. 1*1=1
   1*2=2   2*2=4
   1*3=3   2*3=6   3*3=9

22. 有以下程序：

```
#include <stdio.h>
main()
{
    int y=10;
    while(y--);
    printf("y=%d\n",y);
}
```

程序运行后的输出结果是(   )。

A. while 构成无限循环   B. y= -1

C. y=0   D. y=1

23. 若有定义语句：

```
int year=2009,*p=&year;
```

以下不能使变量 year 中的值增至 2010 的语句是(   )。

A. (*p)++;   B. *p++;   C. *p+=1;   D. ++(*p);

24. 以下定义语句错误的是(   )。

A. int x[4][3]={{1,2,3},{1,2,3},{1,2,3},{1,2,3}};

B. int x[4][]={{1,2,3},{1,2,3},{1,2,3},{1,2,3}};

C. int x[][3]={{1,2,3,4}};

D. int x[][3]={{0},{1},{1,2,3}};

25. 若有定义语句:

```
int a,b,c,*p=&c;
```

以下选项中的语句能正确执行的是( )。

    A. scanf("%d",a,b,c);   B. scanf("%d%d%d",a,b,c);

    C. scanf("%d",p);   D. scanf("%d",&p);

26. 有以下程序:

```
#include <stdio.h>
main()
{
    int i,t[][3]={9,8,7,6,5,4,3,2,1};
    for(i=0;i<3;i++)
        printf("%d",t[2-i][i]);
}
```

程序运行后的输出结果是( )。

    A. 3 5 7   B. 3 6 9   C. 7 5 1   D. 7 5 3

27. 若各选项中所用变量已正确定义,函数 fun 中通过 return 语句将返回一个函数值,以下选项中程序错误的是( )。

    A. main()   B. float fun(int a ,int b){…}

      {   float fun(inti,int j);   main()

      … x=fun(i,j);…}   { … x=fun(i,j);…}

    C. float fun(int,int);   D. main()

      main()   {   … x=fun(2,10);…}

      { … x=fun(2,10);…}   float fun(inti,int j){…}

28. 有以下程序:

```
#include <stdio.h>
void fun(int *a,int n)       /*fun 函数的功能是将 a 所指数组元素从大到小排序*/
{
    int t,i,j;
    for(i=0;i<n;i++)
        for(j=i+1;j<n;j++)
            if(a[i]<a[j])
            {t=a[i];a[i]=a[j];a[j]=t;}
}
main()
{
    int c[10]={1,2,3,4,5,6,7,8,9,0},i;
    fun(c+4,6);
    for(i=0;i<10;i++)
```

```
        printf("%d, ",c[i]);
    printf("\n");
}
```

程序运行后的输出结果是(   )。

A. 1,2,3,4,5,6,7,8,9,0,   B. 0,9,8,7,6,5,4,3,2,1,

C. 0,9,8,7,6,5,1,2,3,4,   D. 1,2,3,4,9,8,7,6,5,0

29. 有以下程序:

```
#include <stdio.h>
int f(int n)
{
    int t=0,a=5;
    if(n/2)
    {
        int a=6;t+=a++;
    }
    else
    {
        int a=7;t+=a++;
    }
    return   t+a++;
}
main()
{
    int s=0,i=0;
    for(;i<2;i++)
        s+=f(i);
    printf("%d\n",s);
}
```

程序运行后的输出结果是(   )。

A. 24   B. 36   C. 32   D. 28

30. 有以下程序:

```
#include <stdio.h>
#include <string.h>
void fun(char *s[],int n)
{
    char *t;   int i,j;
    for(i=0;i<n-1;i++)
        for(j=i+1;j<n;j++)
            if(strlen(s[i])>strlen(s[j]))
            {
                t=s[i];s[i]=s[j];s[j]=t;
```

```
        }
}
main()
{
    char *ss[]={"bcc","bbcc","xy","aaaacc","aabcc"};
    fun(ss,5);
    printf("%s,%s\n",ss[0],ss[4]);
}
```

程序运行后的输出结果是(　　)。

    A. aaaacc,xy　　　　　　B. aabcc,bcc　　　　　　C. bcc,aabcc　　　　D. xy,aaaacc

31. 设有如下程序：

```
#include <stdio.h>
char s[20]= "Beijing",*p;
p=s;
```

下列说法正确的是(　　)。

    A. 数组 s 中的内容和指针变量 p 中的内容相同

    B. s 和 p 都是指针变量

    C. s 数组中元素的个数和 p 所指字符串的长度相等

    D. 可以用*p 表示 s[0]

32. 若要求从键盘读入含有空格字符的字符串，应使用函数(　　)。

    A. getc()　　　　　　B. scanf()　　　　　　C. getchar()　　　　D. gets()

33. 设有如下程序：

```
#include <stdio.h>
int a=4;
int f(int n)
{
    int t=0;static int a=5;
    if(n%2)
    {
        int a=6;t+=a++;
    }
    else
    {
        int a=7;t+=a++;
    }
    return t+=a++;
}
main()
{
    int s=a,i=0;
```

```
    for(;i<2;i++)
        s+=f(i);
    printf("%d\n",s);
}
```

程序运行后的输出结果是(   )。

    A. 32   B. 36   C. 24   D. 28

34. 有以下程序:

```
#include <stdio.h>
main()
{
    char s[]="abcde";
    s+=2;
    printf("%d\n",s[0]);
}
```

程序运行后的输出结果是(   )。

    A. 输出字符 a 的 ASCII 码   B. 输出字符 c

    C. 输出字符 c 的 ASCII 码   D. 程序出错

35. 有以下程序:

```
#include <stdio.h>
struct STU{char name[9];char sex;int score[2];};
void f(struct STU a[])
{
    struct STU b={"Zhao",'m',85,90}
    a[1]=b;
}
main()
{
    struct STU c[2]={{ "Qian",'f',95,92},{"Sun",'m',98,99}};
    f(c);
    printf("%s,%c,%d,%d,",c[0].name,c[0].sex,c[0].score[0],c[0].score[1]);
    printf("%s,%c,%d,%d\n",c[1].name,c[1].sex,c[1].score[0],c[1].score[1]);
}
```

程序运行后的输出结果是(   )。

    A. Qian,f,95,92,Zhao,m,85,90   B. Zhao,m,85,90,Qian,f,95,92

    C. Qian,f,95,92,Sun,m,98,99   D. Zhao,m,85,90,Sun,m,98,99

36. 设有定义 struct {char mark[12];int num1;double num2;} t1,t2;，若变量均已正确赋初值，则以下语句中错误的是(   )。

    A. t1=t2;   B. t2.num1=t1.num1;

    C. t2.mark=t1.mark;   D. t2.num2=t1.num2;

37. 以下叙述中错误的是(　　)。
   A. 只要类型相同，结构体变量之间就可以整体赋值
   B. 函数的返回值类型不能是结构体类型，只能是简单类型
   C. 函数可以返回指向结构体变量的指针
   D. 可以通过指针变量来访问结构体变量的任何成员
38. 以下叙述中错误的是(　　)。
   A. 可以用 typedef 说明的新类型名来定义变量
   B. 用 typedef 说明的新类型名必须使用大写字母，否则会出现编译错误
   C. 用 typedef 可以说明一种新的类型名
   D. typedef 的作用是用一个新的标识符来表示已存在的类型名
39. 有以下程序：

```
#include <stdio.h>
#include <stdlib.h>
void fun(int *p1,int *p2,int *s)
{
    s=(int*)calloc(1,sizeof(int));
    *s=*p1+*p2;
    free(s);
}
main()
{
    int a[2]={1,2},b[2]={40,50},*q=a;
    fun(a,b,q);
    printf("%d\n",*q);
}
```

程序运行后的输出结果是(　　)。
   A. 42　　　　　　　　B. 0　　　　　　　　C. 41　　　　　　　　D. 1
40. 有以下程序：

```
#include <stdio.h>
main()
{
    FILE *fp; inti,a[6]={1,2,3,4,5,6};
    fp=fopen("d2.dat","w+");
    for(i=0;i<6;i++)
        fprintf(fp,"%d\n",a[i]);
    rewind(fp);
    for(i=0;i<6;i++)
        fscanf(fp,"%d",&a[5-i]);
    fclose(fp);
    for(i=0;i<6;i++)
```

```
        printf("%d,",a[i]);
}
```

程序运行后的输出结果是(   )。

    A. 1,2,3,4,5,6,   B. 6,5,4,3,2,1,   C. 1,2,3,3,2,1,   D. 4,5,6,1,2,3,

二、程序填空题

下面的程序通过定义学生结构体变量存储了学生的学号、姓名和 3 门课的成绩。函数 fun 的功能是：将形参 a 所指结构体变量中的数据赋给函数中的结构体变量 b，并修改 b 中的学号和姓名，最后输出修改后的数据。

例如，若 a 所指变量中的学号、姓名和 3 门课的成绩依次是 10001、"ZhanSan"、95、80、88，则修改后输出 b 中的数据应为 10002、"LiSi"、95、80、88。

请在程序的下画线处填入正确内容，并把下画线删除，使程序运行后得出正确的结果。

注意:

源程序存放在考生文件夹下的 BLANK1.C 中，不得增行或删行，也不得更改程序的结构。

```
/*BLANK1.C*/
#include <stdio.h>
#include <string.h>
struct student {
    longsno;
    char name[10];
    float score[3];
};
void fun(struct student a)
{
    sturct student b; inti;
    /*************found*********************/
    b=_____;
    b.sno=10002;
    /*************found*********************/
    strcpy(_____,"Lisi");
    printf("\nThe data after modified:\n");
    printf("\nNo:%ld Name:%s\nScores:  ",b.sno,b.name);
    /*************found*********************/
    for(i=0;i<3;i++)
        printf("%6.2f ",b. _____);
    printf("\n");
    }
main()
{
    sturct student s={10001, "ZhangSan",95,80,88};
    inti;
    printf("\n\nThe original data:\n");
    printf(""""\nNo:%ld Name:%s\nScore:   ",s.sno,s.name);
```

```
        for(i=0;i<3;i++)
            printf("%6.2f ",s.score[i]);
        printf("\n");
        fun(s);
}
```

三、程序修改题

给定程序 MODI1.C 中，函数 fun 的功能是：从 s 所指字符串中删除所有小写字母 c。请改正函数中的错误，使它能输出正确的结果。

注意：

不要改动 main 函数，不得增行或删行，也不得更改程序的结构。

```
/*MODI1.C*/
#include <stdio.h>
void fun(char *s)
{
    int i,j;
    for(i=j=0;s[i]!= '\0';i++)
        if(s[i]!= 'c')
/**************found********************/
    s[j]=s[i];
/**************found********************/
    s[i]= '\0';
}
main()
{
    char s[80];
    printf("Enter a string:        ");
    gets(s);
    printf("The original string:   ");
    puts(s);
    fun(s);
    printf("The string after deleted:    ");
    puts(s);
    printf("\n\n");
}
```

四、程序设计题

假定输入的字符串中只包含字母和*号。请编写函数 fun，它的功能是：将字符串中的前导*号全部移到字符串的尾部。函数 fun 中给出的语句仅供参考。

例如，字符串的内容为*******A*BC*DEF*G****，移动后，字符串中的内容应当为A*BC*DEF*G***********。在编写 fun 函数时，不得使用 C 语言提供的字符串函数。

注意:

部分源程序存放在 PROG1.C 中。请勿改动主函数 main 和其他函数中的任何内容,仅在函数 fun 的花括号中填入所编写的若干语句。

```
/*PROG1.C*/
#include <stdio.h>
void fun(char *a)
{
    /*以下代码仅供参考*/
    char *p,*q;
    int n=0;
    while(*p=='*')        /*统计串头'*'个数 n*/
    {
        n++;p++;
    }
    q=a;
    /*向前复制字符串,请填写相应的语句完成其功能*/
    for(;n>0;n--)
        *q++='*';
    *q='\0';
}
main()
{
    char s[81];
    printf("Enter a string:\n");gets(s);
    fun(s);
    printf("The string after moveing:\n");puts(s);
    NONO();
}
void NONO()
{   /*本函数用丁打开文件,输入数据,调用函数,输出数据,关闭义件。*/
    FILE *in,*out;
    inti; char s[81];
    in=fopen("K:\\k06\\24000007\\in.dat","r");
    out=fopen("K:\\k06\\24000007\\out.dat","w");
    for(i=0;i<10;i++)
    {
        fscanf(in, "%s",s);
        fun(s);
        fprintf(out, "%s\n",s);
    }
    fclose(in);
    fclose(out);
}
```